せんが、

も

農業を始められますか?

農業キャリアコンサルタント
深瀬貴範

淡交社

大丈夫です。
50歳からでも、今からでも、何歳からでも、
農業は始められます。

ただ、農家さんと同じレベルを最初から目指してしまうと、
なかなかうまくはいきません。

たとえるならそれは、跳び箱を初めて跳ぶ小学1年生が、
いきなり8段目に挑戦するようなものです。

何歳でも、始めるときはみんな農業1年生。

大切なのは、まずは跳び箱の1段目から始めることです。
本書を読めば、その方法がみえてきます。

私が仕事で農業にかかわるようになったのは、50歳を過ぎた頃。
当時は目にするもの、耳にするものすべてが新鮮でした。

ただ、初めて接したこの業界に対して、違和感があったのを覚えています。
なにかしっくりこないというか、モヤモヤした感じというか。
農業はロマンもやりがいもある仕事だとわかっているのに……。

そんなある日、「新規就農者(しんきしゅうのうしゃ)の減少」という言葉がテレビから流れてきました。
「新規就農者ってなんだ?」と思ったとき、

「これだっ!」

私はピンときました。

農業に関係する情報は、とにかく専門用語やむずかしい言葉が多すぎる。
それらがわからないと、どんなにたくさんの説明を受けても頭には入らない。

それなら農業を始めたい初心者の皆さんは、私が農業の仕事を始めた頃のように、もっとわかりやすい説明を求めているはず！

それが、本書を書こうと思ったきっかけです。

ごあいさつが遅れました。皆さん、こんにちは。
農業キャリアコンサルタントの深瀬貴範といいます。私は株式会社リクルートジョブズ（現株式会社リクルート）に勤務していた2013年からの10年間、「新・農業人フェア」という農林水産省補助事業の運営にかかわってきました。そこでは、農業に興味を持つ多くの方に対して、農業を始めるための情報を提供してきました。

しかし、そんな情報発信側の私も、もとはといえば農業初心者。
それまでは人事畑に営業畑と、農業とは〝畑違い〟の場所にいたのです。

それが「新・農業人フェア」をきっかけに農業への関心が高まり、53歳からは自分でも家庭菜園で農業をするようになりました。

２０２０年、株式会社リクルートを定年退職したあとも、同イベントでセミナーを受け持ったり、各地で農業活性化事業に携わっています。

さて、働き方改革やコロナ禍など、ここ数年の間で世のなかの仕事環境や仕事観もずいぶんと変わりました。

そのなかで、「人生第2のステージでは農業をやってみたい」と考え始める人が今増えています。

なぜ増えているのかというと、農業を「自分らしく働けるセカンドキャリア」としてとらえている人が多いからではないでしょうか。

例えば、銀行にお勤めの方が、50歳になってキャリアチェンジを目指した場合。

それまでの働き方から変えようとしても、50歳の転職活動で思い通りの職業に就くこと、ましてや他業界へのキャリアチェンジはなかなかむずかしいでしょう。

その点、農業へのキャリアチェンジでは、それまでの経験も業界も、悪く影響することはほとんどありません。むしろ、よい方向に働く場面が多いと思います。

ほかにも要因はもちろんありますが、それをチャンスととらえた結果、農業へのキャリアチェンジを考える人が増えているのではないでしょうか。

では、実際に農業へキャリアチェンジをしようとしたとき。一体なにから始めればよいと思いますか？

大学生が就職先を探すときは新卒向けの就職イベントに行けばいいし、転職希望の人は転職イベントや転職エージェントを利用すればいい。公務員になるには公務員試験を受ければいい、となるわけです。

農業の場合、どこに行き、どうやって情報を集めればよいのでしょうか？

「農業に興味はあるけど、なにから始めたらよいかわからない」

実際に踏み出す前であるこの段階で、もう壁にぶつかってしまいます。

本書では、そんな方に向けて「農業の始め方」「情報の集め方」「行動のしかた」と、〝跳び箱の1段目から〟わかりやすく解説します。

農業のことがまったくわからない方にもわかるよう、

①初心者から実際に寄せられた生の声をベースに構成
②初心者目線だけでなく、農業界のしくみや採用の観点からも解説
③50歳前後で農業にキャリアチェンジした先輩たちの体験談を掲載

など、あらゆる角度からのアドバイス、実例をふんだんに盛り込んでいます。


手順に沿って解説はしていますが、最初から1冊通して読む必要はありません。興味のあるところから読むのもよし、実際の進み具合に合わせて読み進めるのもよし、わからなければ戻るのもよし、です。

自分のペースで読むことで、「農業をしたい」という意欲を高めながら、少しずつ理解を深めていけると思います。

「とっつきにくい」「みるだけでスルー」してしまいそうな専門用語は、できるだけ使わず説明したいと思います。
ただ、話を進めるうえで、どうしても専門用語を使わざるを得ない部分があります。その場合は適宜説明を入れますのでご安心ください。

それではいよいよ始まりますが、農業を始めることは簡単ではありません。実際に始めることを考えれば、不安や心配事も当然出てくると思います。ですが、農業を始めるのに遅すぎるということもありません。
人生100年時代といわれて久しいですが、50歳でも、今からでも、何歳からでも、大丈夫です。

本書が「あなたのやりたい農業」へのはじめの一歩になればと思います。

農業キャリアコンサルタント　深瀬貴範

7章 知っておきたい！ 農地や資金についての基礎知識 188

デザイン　大場君人
DTP・図版制作　佐藤純（アスラン編集スタジオ）
イラスト　小池アミイゴ
校正　ぷれす
＊本書の情報は2024年1月時点のものを基本に作成しています。　＊QRコードは株式会社デンソーウェーブの登録商標です。
＊小社ホームページ上の付録は、予告なく内容変更・掲載終了する場合がございます。

1部

まずは農業に触れよう

農業やってみたいです。でも、クワもカマも持ったことがありません。そして、なにもわかりません。そんな私でもできますか？

わからなくて当然。農業はイメージがしにくい

初心者がいざ始めようにも、ほとんどの方にとって農業は未知の分野です。一体、なにから始めたらよいのやら、ですよね。でも大丈夫です。心配いりません。

最近、多くの方が農業について興味・関心を持って相談に来ます。そのほとんどは、これまで農業にかかわりがなかった初心者の方です。皆さんが不

安に感じる理由は、**「農業がなにをするかイメージしにくい仕事だから」**だと考えます。

世のなかにある仕事の多くは、なにをするのかがある程度イメージできます。飲食業であれば、お店で働いている人の姿からイメージできます。販売業であれば、日頃物を購入しているのでイメージしやすいですね。会社員として働くことは、読者の皆さんにとって想像しやすいのではないでしょうか。

一方、農業の場合はいかがでしょう。具体的な仕事内容というと、なかなかイメージしにくいですよね。

以前、「農業に対してどんな仕事のイメージを持っているか？」と、大学生に調査したことがあります。すると、次のような回答がありました。

- **農業高校や大学の農学部など、専門機関で長年勉強して技術が身につく、むずかしい仕事**
- **トラクターとか高そうな機械を使っている、お金がかかりそうな仕事**

これだけでも、農業という仕事が、いかに遠い存在に思われているかがわかりますよね。さて、実際のところをみてみましょう。

まず、むずかしい仕事なのか。実際に農業高校など、専門で学ぶ機関はあります。農業高校を3年間、大学の農学部を4年間、合計7年間勉強しないと農家になれないかというと（まるでお医者さん並みですね）、決してそのようなことはありません。

次に、お金がかかる仕事なのか。おそらく答えた学生さんは、大型機械で道路工事をする土木会社のようなイメージをしたのかもしれません。たしかに、米農家さんが使うような100馬力のトラクターで、高いものだと1300万円くらいします。

ですがこれは、あくまでもお米などを大規模に作っている農家さんのケースです。作る野菜や方法、条件によって、金額も変わってきます。

でも、こういったことは知らない人も多いですよね。

だからこそ不安に思うのも当然です。

「本当に自分は農業を仕事にできるのか？」

農業に興味がある初心者の方が、スタートに立つことすら迷うのもうなずけます。

今の農業界は初心者ファースト

それでも何度もいいますが、心配はご無用です。

なぜなら今の農業は、**「初心者に優しい」**のです。

これまでの農業は、親から子へ代々継いでいく、いわゆる世襲で続いてきました。ところが農業従事者の高齢化や若手の減少により、今の農業界は後継者も人手も不足しています。世襲だけでは、立ち行かなくなっているのが現状です。そういった背景もあり、人材を育てることが農業界全体の急務となっています。

そのため、これまでのように農業に関する知識や経験を持っている人だけではなく、「農業をやりたい初心者」も歓迎されるようになったのです。

しかし、初心者の方からはこんな声も聞きます。

「なにも知らずに変なことを聞くと、農家さんに怒られそう……」

そういった心配もまったくいりません。

なぜなら地方で農業を始める人が増えれば、人口増加や**耕作放棄地**の減少につながります。受け入れる側にとってはありがたい話です。教える立場である農家さんは初心者を歓迎しますし、地域ぐるみで初心者を育てているところも多くあります。

また、会社員からの独立など、他産業から農業界に参入する人が近年増えています。

つまり、**初心者にとってモデルとなる先輩が増えた**のです。

その先輩たちが、自分が苦労した経験を活かし、あらたに農業を始める人に手ほどきしてくれています。こうして、「初心者への教え上手」が以前よりも増えているというわけです。今の農業界には、ひと昔前の「背中をみて覚えろ」とか「師匠の技を盗め」的な教え方ではなく、初心者を手厚く教えてくれる環境があります。

「最初の段階でなにがわからないのか」

「最初になにを教えると、その後の不安がなくなるのか」

「困ったときにはどう解決するのか」

こういった初心者を教えるためのノウハウが、人材を育てる側の農業界に急速に蓄積されてきているのです。


さらにいうと、一般企業のような研修先や教育機関、国によるサポート体制、イベントなども充実しています（こちらもあとでくわしく解説します）。

自分に合った研修先や教育機関を選びさえすれば、日々の経験のなかで自然と技術や知識を身につけられます。

情報を提供するイベントに参加すれば、同じようにゼロから農業を目指す人に出会えます。こんなに多くの人が農業に興味を持っているのかと驚くとともに、勇気をもらえるでしょう。同じ志を持つ仲間や、身近な相談相手もみつかるかもしれません。

最近では動画やＳＮＳからも農業に関する情報を集められる世のなかです。思い込みを持たずに知識を吸収でき、自分なりのプランを作れるという点も、初心者ならではの強みですね。

ざっと農業初心者を取り巻く環境を説明しました。

むしろ、**なにも知らない初心者のほうが農業を始めるのに有利な状況**といえるでしょう。

というわけで皆さん、クワもカマも持ったことがない方でも大丈夫です。

心配せずにまずは一歩踏み出してみましょう。

経験がなく、なにもわからない初心者でも大丈夫です。
農業を始められる環境が今はあります。

私、けっこう〝いい年〟なんです。それでも農業を始められますか？

農業界の平均年齢は68歳。〝いい年〟でもバリバリの現役

農業へのキャリアチェンジを考えるタイミングとして、よく据えられるのが「定年」です。経済的に余裕のある「定年後」に始めたほうがよいか。それとも「定年前」に仕事を辞め、少しでも元気なうちに始めたほうがよいか。そもそも、自分はけっこういい年。そんな自分が農業を始めるなんてできないのではないか——。

このように、堂々めぐりで悩まれる方も少なくないようです。人生100年時代のおよそ半分まで来た50代、60代の方なら心当たりがあるかもしれません。

ここで皆さんに伺います。

「定年帰農（ていねんきのう）」という言葉をご存じですか？

定年帰農とは、ほかの産業で働いていた人が、定年を機に農業を始めることです。

農家出身者が定年を迎えて実家やふるさとに帰り、両親や祖父母のやっていた農業を引き継ぐケースはこれにあたります。また、別の仕事をしながら実家を手伝っていた人が、そのまま農業を引き継ぐことも該当します。どちらもなにかしら農業に縁がある方ですね。

しかし、そういった方だけでなく**「農業とはまったく関係がなく、別の仕事をしていた方が、定年を機に農業に就いた場合」**もこの定年帰農に含まれます。それまで農業とかかわりがないなかで、定年を機に農業へ新規参入するということです。

読者の皆さんの大半は、このケースになるかと思います。

なにがいいたいかというと、**そろそろ定年を見据えるような年齢でも、ゼロから農業をスタートすることは決してめずらしくはなく、昔から行われていた**ということです。

この「定年」にかかわるところでいうと、2025年4月から「65歳までの雇用確保」が企業に義務づけられます。従来定年といえば「60歳」でしたが、「65歳」に延長されるのです。さらには、70歳までの就業機会の確保も努力義務となります。雇用機会が確保されるという意味では、働く側にとってはありがたい話です。

しかし、会社に残ったとしても、給与は定年前より4割以上減少したり、半数以上が責任ある役職から外れたりするというデータもあります（「定年後の就労に関する調査」日経ＢＰコンサルティングより）。

人によっては、仕事内容が変わったことで本来の能力が発揮できないとか、かつての部下が自分の上司になることもあるようです。なかなか、定年延長もバラ色とはいい難いようですね。

農業に話を戻します。

農業にはその点、定年がありません。さらに、農業従事者の平均年齢は68歳。延長される企業の定年である「65歳」を優に上回っています。

自分のことをいい年だと思って農業を始めたら、農業界ではまだまだ現役世代であることに気づかされるでしょう。**50代であればバリバリの現役・若手です。**

もちろん、始めるまでの苦労はあります。しかし、**「いい年だから」と年齢だけを理由にあきらめてしまうのは、非常にもったいないことだと思います。**

体力の問題はどうしたらよい？

「とはいえ、実際のところ体力的にきついんじゃないですか？」

これは本当によく寄せられる質問です。

悲しいかな、年齢による体力の衰えは避けようがありません。先々農業を長く続けられるか、不安を持たれる方も多いと思います。


実際、農業はどの程度身体を動かすと思いますか？

当然畑の広さ・栽培する作物・季節の仕事内容などにもよるので厳密な比較はむずかしいのですが、ここは単純に「歩数」で考えたいと思います。

とある農家さんに1日の歩数を聞いてみたところ、その方は1年間の平均で1日1万3000歩でした。これは休日も入れての平均なので、実際の稼働日だと多い日で3万歩、だいたい1万5000歩です。

「えっ！　1万5000歩もですか？」

と驚かれるかもしれませんが、ほかのことに置き換えてみましょう。

・週末ジムに通い、必死の形相でランニングマシンに挑んでいる方
歩幅によりますが距離にして10㎞程度。1万5000歩は超えそうですね。

・ゴルフ好きな方
1日ラウンドすれば1万5000歩くらいは歩くと思います。打ったボールの行方はボールに聞かないとわからない、私のようなゴルファーなら優にクリアです。

・お友達と京都へ旅行に行き、御朱印めぐりを楽しまれる方
おしゃべりしながら歩くうちに、やはり1万5000歩はクリアです。


そう考えると、決して到達できない歩数ではなさそうです。

そこに、力仕事や同じ体勢での作業が加わるとイメージしてください。

個人差はありますが、さほど心配しなくて大丈夫だと私は思います。

ふだんから健康増進のためにジムで身体を鍛えたり、趣味でスポーツをやっている方なら、なんら問題はないと思います。


デスクワークのような仕事と比較すれば、たしかに身体を動かす量は多くなりますが、逆にとらえれば、**ずっと座りっぱなしの状態から解放され、自然のなかで毎日身体を動かし、仕事をしながらどんどん体力を増強する効果も期待できます。**

とはいえ、自然と向き合うのは大変なときもあります。暑さ寒さに耐えながらの労働は、最初は慣れずにしんどい思いをすることも当然あるでしょう。
そんなときは、炎天下を避けて作業を午前中や夕方にしたり、お昼休憩を長くとったりするなど、やりようはいくらでもあります。農地の規模を小さくして負担を減らすのも手です。

自分のペースで無理なく働ける。それもまた、農業の魅力のひとつです。

ちなみに、腰を痛めないか不安だという方には、**アシストスーツ**という補助器具があります。重いものを運ぶ際に、腰や腕にかかる負担を少なくしてくれます。価格は安いものだと、株式会社イノフィスの製品で税抜き2万5000円程度です。こういった器具や機械に投資することも、身体の不安を解消するにはよいと思います。

〝いい年〟でも始められます。農業に「定年」はありません。

50代で農業を始めるメリット・デメリットは？

50代で農業を始めるメリット

今度は、本書の主題でもある「50代」という切り口から考えてみます。先ほど農業界では若手といいましたが、それだけが50代の取り柄ではありません。次にまとめたように、ある程度年齢を重ねた方だからこそのメリットもあります。

メリット① 経験・知識・人脈

新卒から働いているなら社会人経験は30～40年ほどでしょうか。**今までの仕事のなかでつちかってきた経験や知識、人脈が活かせます。**例えば営業経験なら、のちに作物の販路を拡大させる可能性につながります。また、生産管理の仕事経験のある方の作業場をみたら、きれいに整理されていたこともありました。

メリット② **金銭的・家庭的余裕**

子供にかかるお金や住宅ローンが少なくなり、20~40代よりも金銭的に余裕がある人も多いでしょう。農業でガツガツ稼がなくとも余裕を持って農業を始められます。

また、会社によっては、**早期退職制度**が設けられている場合もあります。退職金も農業を始めるのに重要な資金源になるので確認しましょう。共働きのパートナーがいる場合なら、一方が仕事を続けることで収入面のマイナスをカバーできます。

メリット③ **信頼感**

今までの社会人経験によって、相手を思いやり、人間関係を円滑にこなす術を身につけている人も多いのではないでしょうか。特に農業では、**地域の人から信頼を得ることが不可欠です。**地域への溶け込みという点からみても今までの経験が活かされるでしょう。

50代で農業を始めるデメリット

もちろん年齢を重ねたからこそのデメリットもあります。

デメリット①　やはり体力

先ほどは「さほど心配はいりません」とはお伝えしましたが、そうはいっても50代の体力。20代や30代と比較すると、そこには格段の開きがあります。

大切なのは、そこで「若い世代に負けていられない！」と張り合わず、「自分のペースで農業に取り組むこと」です。

例えば、ダイコン・ハクサイ・キャベツのような重い作物などは運ぶのが大変です。負担を減らすために軽い葉物（はもの）を中心とした栽培にするのもよいでしょう。また、金銭的余裕を活かして初期段階で農業機械に投資することで負担も軽減できます。

デメリット②　補助金

現在、国の補助金は**「農業を始める時点で49歳以下」**という年齢制限があります。50代の方には残念ですが、自己資金で農業を始めることを考えなくてはいけません。

ただし、地域によっては、50歳以上が対象となる補助金もあるので、それは7章で説明しますね。

デメリット③　過去の成功体験

過去にすばらしい成功体験を積んでいると、逆に足かせになることがあります。

例えば、**「俺にできないわけがない！」**と根拠のない自信からいきなり高い目標にチャレンジしたり、技術や知識もそこそこに経営を始めてうまくいかなかったりすることは実際あります。農業を始めるにあたっては**「ピッカピカの1年生」**であることを肝に銘じて、一から取り組むようにしましょう。

このようにメリット・デメリットはそれぞれありますが、皆さんが今まで人生でつちかってきたことは必ず農業の現場で活かせます。

実際、農業関係者から話を聞くと、この年代で農業を始める方が最近増えているようです。また、**50〜60代の農業初心者は、若い世代のようにすぐ飽きず、長続きするという話も聞きます。**

農業への憧れはありますが、失敗しないか不安です。

「憧れの農ある暮らし」で終わらせないために

農ある暮らし　田舎暮らし　自然のなかで働く　安全で安心な野菜

農業を取り巻く言葉には、とても魅力的なものが多くあります。その言葉にひかれ、憧れの気持ちから農業を目指す初心者の方も多くいます。

もちろん、決して悪いことではありません。なぜならその気持ちは、これから先農業を続けていくうえで大切な要素になりますから。

ただ、途中で断念してしまう初心者の方が少なくないのも事実です。

では、なぜそうなるのか。せっかく始めても、「やってみたら自分が思っていたのと違うな」とギャップを感じているケースが多いように思います。そうならないためにも重要なのは、**農業を始める前に自分の意思を固めること**です。

「自分はなぜ農業をやりたいのか」
「自分は農業をやれるのか」
「自分は農業を好きになれるのか」

農業を始めようとすると、そして実際に始めてからも、「なぜ農業をやりたいのか」と、農家さんや相談窓口、そして知り合いの人からと、さまざまな場所で聞かれることになります。

何度もいうように、農業は自然と向き合う仕事です。思い通りにならないことも多いのが現実です。また、そう簡単に儲かる職業でもありません。そういった現実も理解したうえで、農業を仕事にすることを考えなくてはいけません。

そのためにも、**なぜ自分は農業をしたいのか、「自分がしたい農業」のイメージをしっかりと持ち、全体像をつかむことがはじめの一歩です。**

「今の生活」から「やりたい農業」をイメージ

では、どうしたらよいのでしょうか。

2章でくわしく述べますが、初心者にまず行ってほしいのは、**今ある自分の生活スタイルに合わせて「自分のやりたい農業」をイメージすること**です。

当然のことながら、読者の皆さんには今の生活があると思います。

仕事をしていたり、仕事以外で毎日忙しく動き回っていたり、子育てをしたり、親の介護をしたり、次のステップに向けて準備をしたり――そのなかで使える時間は限られています。

「今の生活が忙しくて、農業をしている自分の姿すら想像できない」

そうお思いの方もいるかもしれませんが、今の生活を続けながら、空いている時間を使って農業を始める初心者の方が実際増えています。

例えば、平日は都心で仕事をし、週末は田舎で安く借りた住居で農業をする。

そういった生活を送りながら、農業の経験や知識を積み、資金を貯め、「自分のやりたい農業」を形にしていきます。結果として、生活の軸足を農業へと無理なく徐々に移行できるのです（いわゆるデュアルライフ農業です）。

ちなみにこの農業のスタイルは必ずしもあたらしくはなく、以前から確立されていました。

皆さん、小学校の社会の授業で勉強した**「兼業農家」**という言葉を覚えていますか？農業を専業にするのではなく、農業以外の仕事もしながら農業を行うものです。この2つを合わせた収入で生活を成り立たせます。

実際の始め方は後ほどくわしく紹介しますが、

「むずかしいことはよくわからないけど、まずは試しに農業に触れてみよう」

といったように、比較的カジュアルなノリで農業を始められる環境があるということです。

そしてそれは、まさに今「農ある暮らし」を手にしている先輩たちが、農業を実際に始めたときにはなかった環境でもあります。

副業的に農業を楽しみながら、ときには失敗もして試行錯誤をくり返す。

今ではそうしながら「自分のやりたい農業」のイメージを固め、全体像を描くことができるのです。


ちなみに、初期の段階で失敗を経験しておくことは本当に大事です。

私が仕事をしながら53歳から始めた「深瀬なんちゃって農園」も、多くの失敗を積み重ねてきました。それも随所でお伝えしていきますので、参考にしてくださいね。


さて、人生100年時代の半分まで頑張ってきた50代の方なら、この先どのように生きていくかを考えるフェーズに来ているかもしれません。

社会に出て、がむしゃらに働いてっちかった、自分なりの仕事観。

それを通して、「自分にはどんな働き方・生き方が向いているのか」を振り返る。

そのとき、新卒や若手の頃には考えてもみなかった「仕事としての農業」の選択肢がみえてきました。

そのうえで農業を始めようとしたとき、体力もあり、最初からバリバリやれそうだという人は、稼ぐことを意識した**「ガチ農業」**をいきなり始めてもよいかもしれません。

しかし、**まずは「カジュアルな農業」から始めることで、自分はどんな農業をしたいのか、イメージをしながらゆっくり考えるのもひとつの方法です。**実際、今はそのように始める初心者の方も増えています。

そうするなかで、稼ぐよりも自然のなかで自己実現を目指したいという人は、**「生き方としての農業」**を選択すればいいと思います。

家族との時間が増えた、とれた野菜を子ども食堂に寄付して社会貢献の実感を持てたなど、農業を通して自己実現をしている先輩も実際にいます。

不安もあると思いますが、始めるための情報や支援はたくさんあります。

ここから先は、実際の始め方、その情報の集め方、利用のしかたをわかりやすく説明しますので、迷わず最初の一歩を踏み出していきましょう。

途中で挫折しないために、今の生活から「自分のやりたい農業」をイメージしましょう。初心者にとっては、農業を仕事にするうえで重要なことです。

まずは、なにをイメージしたらよいですか？

「農業を楽しむ姿」をイメージしよう

さて、今まで農業をしてこなかった初心者の方に、いきなり「自分のやりたい農業をイメージして」といってもむずかしいかと思います。1章では厳しい面もお伝えしましたが、最初は次のように**「農業を楽しむ姿」**をイメージしてみてください。

- **どんな野菜を作るか**

真っ赤なトマト、つやつやしたナス　など

- **作った野菜をどう食べるか**

とれたてにそのままかぶりつく、ビールのおつまみにいただく　など

- **どう一日を過ごすか**

野菜の成長をゆっくりながめる、天気が悪いので昼寝してから作業　など

- **どこで野菜を作るか**

都心に住みながら郊外で農作業、仲間といっしょに古民家をシェア　など

考えるだけでもワクワクしませんか？　今考えられる範囲でよいので、こういった楽しいことをイメージしてみましょう。結果としてそれが、**「自分のしたい農業」への動機づけ**につながります。

実際に、農業を始めてからも楽しめる場面はたくさんあります。いちばんの楽しみは収穫ですが、それ以外にも自然のなかで働く開放感や、自然と触れ合うなかで感じる充実感なども楽しめる要素だと思います。

なにを楽しみとするかは、人や経験によっても違いが出るようです。

例えば、計画を立てるのが好きな人であれば、どんな作物をいつの時期に、どこに植えるかを考える楽しみがあります。また、経営をきちんと考えたい人なら、作った

野菜をどこで売るのか、販路を考え経営計画を立てることにも楽しみをみいだせます。移住を目的にする人であれば、どのような生活をしながら農業をするか、考えるだけで楽しそうですね。

また、楽しみを感じるだけではなく、実際に得られることも農業にはたくさんあります。例えば、会社員として働いている人の場合。満員電車に揺られ、長時間かけて通勤している方もいるでしょう。上司部下などとのややこしい職場関係や、時間に縛られた生活に悩んでいる方もいるかもしれません。

人であふれかえる都心を離れ、家族といっしょに過ごす時間は増え、毎日の食卓には自分の作ったおいしい野菜が並ぶ。**農業をすることによって、日々のわずらわしさから解放され、そういった理想の生活を実現することも可能なのです。**

「すぐできる情報収集」と「すぐできる農業」

次に、思い浮かべたイメージを具体化させましょう。1章でもお話ししたように、忙しい皆さんがさける時間は限られています。使える時間は土日だけ、家族との時間や用事などを考えると、土日のどちらかしか使えないかもしれません。

空いた時間ですぐできることを、ここでは2つ紹介します。

すぐできること① 情報収集

今は農業に関するさまざまな情報がいたるところに公開されていますが、まずは空いている時間で**「農業を身近に感じるための情報収集」**をしましょう。

農家の方はどのように農業をされているのか。どのような毎日を過ごしているのか。それをのぞいてみるのも立派な情報収集です。

おすすめの媒体を次に挙げますので、すきま時間に活用してください。

・テレビ

インターネットや本にはない、農業のリアルを感じることができます。

例えば、平日お昼に放送の**「昼めし旅 ～あなたのご飯見せてください！～」**（テレビ東京系）。この番組は出会った人のお昼ごはんを紹介するものですが、春夏秋冬にわたって多くの農家さんが出てきます。農家さんが作業している風景や畑がみられます。出て来る農家さんの素顔や実際に食べているお昼も紹介してくれるので、実際に農業をしたときのリアルな生活をかいまみることができます。

また、俳優・工藤阿須加（くどうあすか）さんによる**「工藤阿須加が行く 農業始めちゃいました」**（BS朝日）は、ひとつの農家さんにフォーカスして紹介してくれます。出荷などの作業風景から、なぜ農業を始めたかなど、一歩踏み込んだ内容を知ることができます。

・インターネット

インターネットにも農業に関するウェブサイトは多数ありますが、**「マイナビ農業」**がおすすめです。農家さんや農家さんになりたい方、家庭菜園愛好者などに向けた、栽培技術や経営ノウハウに関する記事のほか、農家さんやあたらしく農業を始められた方のインタビューや農業に関するニュースなども掲載されており、いろいろな角度から農業について知ることができます。

最近では、現役農家さんによる**YouTubeチャンネル**などのSNSもいろいろあり、野菜の栽培方法から、農家さんとしての生き方まで知ることができます。私のおすすめは、浦田大志さんの**「とまたろう」**と松本直之さんの**「農Tube委員会」**です。あたらしく農業を始めたい方にとって参考になる情報を多く発信されています。

・マルシェ

メディア以外では**「マルシェ（市場）」**がおすすめです。土日であればマルシェがイベント的に開かれている場所があります。その会場に足を運び、並べられている野菜をみるもよし、購入して家で楽しむもよしですが、それだけにとどまらず情報収集に活かしましょう。**販売が忙しくなさそうな時間帯に、ぜひ出店している農家さんと話をしてみてください。**話がはずめば、どこでどういう農業をしているか（栽培している作物・出荷先・1日の流れなど）や、農業をやるうえで大変なこと、どうやって農業を始めたかなど、突っ込んだ話が聞けることもあります。仲良くなれば、「今度畑に見学に来てみれば」なんてお誘いを受けることもあるかもしれません。

・「新・農業人フェア」

初心者にはハードルが高いかもしれませんが、農業初心者向けのイベントに参加するのも手です。**「新・農業人フェア」**はそのひとつです。あとでくわしく紹介しますが、農業を仕事にするうえでのヒントや、実際に農業を仕事として実現した先輩のプロセスなど、多数の情報を提供するコンテンツがあります。ただ、情報量が多いので、自分に必要な情報だけにしぼって活用したほうがよいかもしれません。

すぐできること②　庭やベランダでの農業

庭やベランダでの農業は、条件さえ合えば比較的すぐに取り組めます。野菜はプランターひとつからでも育てられます。プランターであれば、マンション住まいの方でも庭が小さい方でも、野菜作りにチャレンジすることができます。

一般的にベランダ農業で育てやすいのはリーフレタスやシュンギクなどです。季節によってはミニトマトやピーマンなども育てやすい野菜です。

注意が必要なのは、**マンションの規約によってはベランダを使用できない場合もあることです。** 事前に確認しておいたほうがよいでしょう。ベランダの日当たりや風通しのよさなど、野菜が育てられる環境かどうかもきちんと確認しておきましょう。

また、野菜は当然生きものです。水やりも大切ですし、日差しや寒さ対策も必要になります。場合によっては、腐らせたり、害虫にやられたりすることもあります。実際にベランダでハーブを育てている最中に、害虫にやられてハーブが全滅してしまったという方もいます。対策としては、防虫ネットを張ったりする工夫が必要です。

そういう意味では、**プランターで野菜を育てることは、本来の農業と変わらないと思ってください。**

農業へのイメージを具体化するには、手近にできる方法だと思います。

ちなみに、**庭やベランダでの野菜作りの経験は、農業を始めるうえでの糧（かて）にもなります。**実際に、1年間ベランダでいろいろな野菜を育て、その1年後に30㎡の農園で農業を経験、その2年後には2000㎡の農地を借りて本格的に農業を始めた女性ファーマーもいます。彼女は30代で農業を始めましたが、初心者が始めるうえで参考にできる点も多くあります。次のページで紹介しますので、ぜひ読んでみてください。

やる気のある初心者ほど、どのように農業を始めるかという情報や手段に目を向けがちです。これは年齢にかかわらず、全世代にいえることです。

しかし、**いきなり農家さんのような本格的な農業を、だれもが始められるわけではありません。**たとえるならそれは、小学1年生がいきなり跳び箱の8段を跳ぼうとするようなものです。

まずは今できることから始め、自分と農業の距離を少しずつ縮めていきましょう。

まずは今できることから始めて、農業へのイメージを具体化させる。徐々に農業との距離をつめるのが近道です。

CASE

ベランダ農業から本格農業をスタート
（兵庫県 神戸市 森本聖子さん）

私がベランダ農業を始めたきっかけは、「料理に使う薬味をスーパーで購入するならベランダで栽培したほうがよいのでは？」という発想からでした。最初に始めたのは**牛乳パック**。スーパーで売っている根つき長ネギの根の部分を、水の入った牛乳パックに入れてベランダに置いたら再生しました。

そこから、ベランダ農業の本を購入して栽培方法を勉強しました。ベランダ農業に必要なものは、**プランター・土・肥料**です。プランターでも、有機肥料（有機液肥）を使えば有機栽培をすることはできます。あとは、軍手・スコップ・収穫用のハサミ・支柱・防虫ネットなど、作物の成長に合わせて適宜必要なものを用意します。

大変だったのは、プランターの数だけ土が必要になるため、たくさんのプランターをマンションのベランダまで運んだことです。また、ベランダに落ちた土が水に流れると、排水溝が詰まる可能性があるため、こまめに清掃する必要があります。ほかにも、日が当たるよう台の上にプランターを置く、エアコンの室外機の熱にあたらないようプランターを遠ざけるなど、**ベランダ内に十分なスペースがあるかも確認したほうがよいです。**

食べられる野菜を栽培できることが楽しくなり、1年後にレンタル農園（53ページ）に移行。実は**大きい畑で野菜を栽培するより、狭いベランダで野菜を栽培するほうがむずかしいので、ベランダ農業で学んだことのほとんどはレンタル農園で活かせます。**途中、ナスがカチコチに固くなるなどの病気に出くわすなどもありましたが、ベランダ農業の経験があったことで常に野菜に気を配れています。ただ、レンタル農園の場所が遠く、仕事の関係で週に1回行くのがやっと。手軽にできるシソやバジルはそのままベランダに残し、それ以外をレンタル農園で栽培しました。

もちろん、大きい畑で栽培をするために必要な知識もあります。市の運営する農業講座に通ったところ、本格的な研修施設での勉強が必要と思い、旅行業の仕事を辞めて農業研修の就農コースに通いました。そこからさらに勉強し、現在は2000㎡の農地を借りて農業生産者として野菜を栽培。かれこれ10年以上続いています。自分にも合っているし、ストレスもたまらず健康的に農業を楽しめています。

忙しくて週末しか時間を確保できません。そんな私にも始められる農業はありますか？

初心者が始めるならまずは「週末農業」

週末農業は、農業初心者のスタートとしていちばん適しています。1章でも少し触れましたが、週末の時間を使って行う農業のことです。

初心者の方が週末農業を行ううえで、**まずは自分の今の生活に合った、無理のない状況で始めることを心がけましょう。**週末だけとはいえ、れっきとした農業です。あなどってはいけません。「週末にできるし、早く始めよう！」とはやる気持ちを抑えつつ、自分に適した方法を選びましょう。

週末農業①　庭やベランダでの農業

48ページでも紹介しましたね。ここではイメージをふくらませることより、**経験を**

積むことを重視します。庭やベランダでの農業を少し広めの場所でやれる人は、可能な限りのプランターを用意し、多品目の野菜を栽培してみましょう。作物によって育て方や収穫時期がさまざまなので、品目が多ければ多いほどそれだけ手を入れることも多くなります。週末にじっくり多品目の野菜を育て、農業の経験を積みます。

週末農業② レンタル農園（貸農園）

その名の通り、利用者に土地を貸してくれる農園です。土地だけ貸してくれる、行政機関によるレンタル農園と、土地だけでなくアドバイザーによる指導や、勉強会・講習会などのサービスも提供してくれる民間のレンタル農園があります。レンタル農園を借りて農業を始めるのは、少し本格的な農業です。3章でくわしく解説します。

週末農業③ 農業アルバイト

土日のアルバイトを募集している農家さんや**農業法人**（企業として農業を営む法人のこと）で、実際に農業を仕事として体験してみるやり方もあります。こちらもあとで解説しますが、さらにもう一歩踏み込んだ方法です。

こうして週末農業をやることで、**経験を積みながら「自分が農業に向いているか」「農業を実際にやってみて楽しいか」といった見極めもできます。**

もしこの時点であまり楽しくないと思ったり、毎週やる作業が苦痛に感じたりしたら、残念ながら農業には向いてないのかもしれません。農業を仕事にすると、毎日がそのくり返しです。週末の時間を使っても農業をやりたいという気持ちと、農業を楽しいと思えることは、今後農業を続けるうえで重要な指標になってきます。

かくいう私も、会社員をやっていた53歳から週末農業を始めました。当時は仕事が忙しく、農業をする時間を作ることだけでもなかなかむずかしい状況でした。ところが始めた初年度には、自分で植えたジャガイモやミニトマト、ナス、キュウリと、たくさんの野菜を収穫できたことで、それこそ農業の楽しみを満喫しました。しかしそのかたわら、失敗することが多かったのも事実です。振り返れば、こういった週末農業の経験が、今の「深瀬なんちゃって農園」に通じていると思います。

忙しい方には、「週末農業」で経験を積むことがおすすめです。自分の生活に合った方法を選びましょう。

レンタル農園のことをもっと教えてください！

費用を安くおさえたいなら「市民農園」

先ほど紹介したレンタル農園には、2種類あります。まず、「なるべく料金を安くおさえたい」という方には**「市民農園」**がおすすめです。

市民農園は、市区町村の行政機関や農家さんが運営するレンタル農園です。現在、全国で4235か所あり、お住まいの市区町村のホームページから確認できます。さらに市民農園には、自宅から通って利用できる**「日帰り型市民農園」**と、宿泊施設を備えたタイプの**「滞在型市民農園」**があります。後者はどちらかというとレジャー要素が多い施設です。読者の皆さんの目的である「農業を始めること」を達成するためには、前者の「日帰り型市民農園」を選択するほうがよいでしょう。

市民農園では、基本的に自由に作物を育てることができますが、逆をいうと栽培に関しては自己責任です。なにからなにまで自分でやらないといけません。

また、**民間運営のレンタル農園と違い、指導や農作業のサポートはしていません。**そうなると、水やりや収穫、草刈りは、週末の週1回のみとなります。雨がない時期は、野菜が枯れる心配などがあります。場所によっては、水場やトイレなどの施設がないケースもあるので注意が必要です。

その分、料金は年間5000円から1万円と、このあとに紹介するレンタル農園と比較するとリーズナブルです。

それゆえ人気も高く、応募者が多い場合は抽選になります。貸出期間は基本的に約1年間なので、抽選に外れた場合は継続使用ができず、**自分の計画通りに栽培を進められないこともあります。**なかには、知識も技術も習得し、栽培も軌道に乗ったところで抽選に外れ、翌年は農業ができなかったというケースもあります。

手厚いサポートなら「民間運営のレンタル農園」

野菜作りの経験がなく、いきなりひとりで始めるのは不安な初心者の方もいると思います。そういった方には**「民間企業が運営するレンタル農園」**がおすすめです。

農園によってそのサービスは異なりますが、専属のアドバイザーから野菜の育て方などの指導が受けられます。農園に来られない平日の間に栽培のメンテナンスを引き受けてくれるところもあります。1週間後に畑に行ったら作物に元気がなかったり、枯れていたりすることがなくなるので、とても安心できます。

手ぶらで畑に通えるのも大きなメリットです。こちらも農園ごとにそれぞれ特色や違いはありますが、クワなどの農具や種・苗・肥料などを用意してくれます。

そのため、**軍手・汚れてもよい長靴・汗拭きタオル・飲み物・収穫に使う袋**くらい準備をすれば、農業を楽しみながら農業を学ぶことができます。

場所によっては現役農家さんや農家さんOBによる講習会なども用意され、農業に対する興味や習熟度に合わせてタイムリーに情報を提供してくれます。

さすがに市民農園と比較すると料金は高めです。民間のレンタル農園は、月々の会費に加え、入会金がかかります。初回の支払いでは初月の会費（5000～1万5000円程度）と入会金（1万～1万5000円程度）が発生します。

先ほどお伝えしたように、市民農園も広義ではレンタル農園ですが、本書では区別するために、民間運営のレンタル農園を**「レンタル農園」**として以降説明しますね。

自分に合ったレンタル農園を選ぼう

市民農園と民間のレンタル農園、それぞれの大まかな特徴は以下の通りです。

自分に合った手段を判断して利用してください。

しかし、**自分で種や苗を選ぶことや必要な農機具もしくは農具・道具をそろえることも、知識として後々必要になってきます。**

それらは市民農園のデメリットとして挙げましたが、経験を積めるという点では、メリットかもしれません。

あと、私からもうひとつアドバイスです。

市民農園もレンタル農園も全国各地にあり、毎週通いやすい近場の農園を選ぶのがベス

市民農園と民間運営のレンタル農園の比較

市民農園		民間運営のレンタル農園	
メリット	デメリット	メリット	デメリット
費用は年間の土地代のみ。	苗・肥料・農器具・道具は自己調達。アドバイスはなし。抽選漏れの恐れも。	苗・肥料・農器具・道具の貸出あり。アドバイスやサポートがあるところも。	月々の支払いと入会費が発生。

トではあります。しかし、必ずしも家の近くで借りられるわけではありません。車で畑に通うことが多くなるかと思いますが、**駐車場があることを確認してください。**朝から1日畑で作業をして、帰りに駐車料金が5000円かかる、なんてことになると毎週大きな出費になってしまいます。

ちなみに最初の頃の「深瀬なんちゃって農園」は、1週間して畑に行ったら、雑草が予想以上に成長して草刈りだけで1日の作業が終了したり、だれからもアドバイスをもらえない状況で作物がうまく育たなかったり、肥料の与え方がわからずあたふたしたり、支柱の組み方が思うようにいかず悪戦苦闘したり——スマートフォンに向かって毎日「教えて！」と、検索に次ぐ検索の日々でした。

今振り返ると、近くにいた近所の農家さんに話を聞けば早かったと思います。

市民農園と民間運営のレンタル農園があります。自分の目的に合わせて選びましょう。

CASE 1

参考までに全国約130か所でレンタル農園を運営する「シェア畑」の例を紹介しましょう。

レンタル農園「シェア畑」

「農を文化に」をかかげ、野菜作りの楽しさや、自分自身で野菜を作る価値を多くの方に感じてもらうと同時に、**耕作放棄地**や**遊休地**を活用し農地を保全することで社会貢献を目指しているレンタル農園です。野菜作りに興味のある方や、ファミリーで農業を楽しむ方向けに農地の貸出をしています。インターネットで「シェア畑」と検索すると近くの場所が調べられます。地域によって異なりますが、料金は入会金1万1000円に月々のレンタル料（6000～1万5000円程度）がかかります。

シェア畑さんが管理する、埼玉県のある農園にお話を伺いました。そこには野菜作りにくわしいアドバイザーの方がいて、いろいろと利用者の相談に乗っていました。初めての方でも基本（土作り・肥料の知識）から栽培技術までアドバイスいただけます。用具もそろっているため、利用者の皆さん、農業に適した服装以外は手ぶらで来ます。さらに利用者には「シェア畑野菜作りBOOK」の特典も。そこには春夏野菜・秋冬野菜の栽培方法や自分の栽培記録をつけられます。また、農地は共用のため限られたスペースですが、園内にも栽培のポイントがわかりやすく示されています。

利用者層は子供に土いじりをさせたい若い夫婦や、50〜60代が多いです。ただ、30〜40代は、子供が塾で忙しくなるなどをきっかけに、利用年数がどうしても短くなります。一方、子育てから手が離れた50〜60代は、長続きする方が多いようです。

利用者の方にも実際にお話を聞きましたが、**農業をやることで、かえって時間を有効活用することができているとのことです。**週末に身体を動かして作業する、とれたての野菜を食べる（シェア畑は無農薬）、おすそ分けするなど、心も身体もリフレッシュできているようでした。自分で作った野菜は、スーパーで売っているものと比べて格別においしいことを実感しているようです。また、**野菜作りをすることで農家さんの大変さがわかった**ともいっていました。農業をすることでさまざまな発見や気づきがあるようです。

週末農業の楽しみ方について教えてください！

初心者は週末農業をどう楽しめばいい？

週末だけ農作業をする**「週末農業」**は、将来的に農業を仕事にしたい方や、自分で育てた野菜を楽しみたい方向けの農業スタイルです。

本業を持っている人でも気軽に始められ、自然と触れ合うことができるので、レジャー的にも人気があります。週末農業を副業にして収入を得ている方もなかにはいます。

初心者はまず、**「自分たちで食べて楽しみ、余ったらご近所や知り合いにおすそ分けする」**くらいの気持ちで始めたほうがよいです。売るだけの収穫量を確保するのはむずかしいので、最初から「副業としてお金を得る」ことを目的にするのはあまりおすすめしません。

さて、自分の立ち位置を確認したところで、週末農業をどのように楽しむか、順を追って紹介します。

ステップ① 栽培作物を決める

まずは市民農園やレンタル農園で自分の栽培したい作物のラインナップを考えます。作物の種類はざっくりでかまいませんが、次のような点に気をつけて決めるとよいでしょう。

・横に広がりやすい作物か

当然のことですが、種や苗は上に伸びるだけでなく横にも広がります。場所によっては畳一畳分ぐらいしかない畑もあります。畑の広さを考えず、間隔を空けずに種をまくと、作物がジャングルのように茂って収穫しづらいこともあります。

作物によっては、横に広がりやすい種類があります。 例えば、サヤエンドウのようにツルのある作物（ツルがない種類もあります）。成長すると、どんどん横に広がるので注意が必要です。しまいには、隣の畑までお邪魔したり、見分けがつかずに隣の作物を誤って収穫してしまうこともあります。カボチャやスイカにも要注意です。

・収穫時期が同じ作物か

作物によって、収穫できる時期は春夏秋冬さまざまです。**初心者はできるだけ同じ収穫時期の作物を植えたほうがよいでしょう。**次になにを植えるかなど、栽培の見通しが立ちやすくなるためです。ちなみに、ジャガイモ・ホウレンソウ・コマツナ・カブ・チンゲンサイ・キュウリなどの野菜は、育てるのが比較的簡単といわれているので初心者向きかと思います。

収穫時期を考えながら、なにを植えるか（作付けするか）決めることを**「作付け計画」（栽培計画）**といいます。農業で生活するということは、ゆくゆくは**年間を通して野菜を収穫して生計を立てること**でもあります。「この時期にはトマトだな」と収穫をイメージしながら栽培計画を考えるのは楽しいのですが、将来的なことを考えると週末農業でも作付け計画を立てましょう。

ちなみに、パートナーといっしょに週末農業をする方は、**おたがいの意見を聞くこ**

とを忘れないようにしてください。ときとして、畑でもめているご夫婦を目にすることもあります。いつの日かどちらか畑に来なくなるケースもなきにしもあらずです。週末農業を楽しむためには、野菜だけでなくパートナーとの和も大切です。相手を尊重して栽培作物を決め、収穫までたどり着いてください。

ステップ② 仲間と積極的に情報交換する

農園では、自分と同じように週末農業をする方と隣り合った区画で野菜を育てます。「隣の芝生は青い」のことわざではありませんが、隣の畑は本当によく映ります。

「隣のキュウリのほうが早く成長している……」

「隣のトマトのほうが赤い……」

週末農業を始めたばかりだと、自分の栽培知識・栽培方法に自信がありません。隣の作物が立派にみえ、「自分の育て方が間違っているのでは」「水やりが足りないのでは」と、ささいな違いからでもあれこれ考えこんでしまいがちです。

私もほかの人の畑の前を通るたびに、作物の成長具合や畝(うね)（畑の土を細長く盛り上げた栽培床のこと。畝を立てることで水はけをよくします）の作り方、支柱の立て方などをみて、「きれいにやっているなぁ～」「えっ。もうあんなに大きくなってるの?」

と気にしてはへこんだりしています。

しかしそこで終わらせず、**隣の方に積極的に話しかけてみてください。**

隣の畑のキュウリもトマトも、自分の畑と同じように成長するまでに必要な日照時間があります。「トマトはいつ実がなりましたか？」「キュウリはいつ植えましたか？」とさりげなく情報収集。隣ではいつ実がなったか、いつ植えたかがわかると、自分の野菜の成長具合や色づく時期について、おおよその目安が立てられます。

また、使っている道具を教え合ったり、畝の立て方をいっしょに考えたりするうちに農作業談議に花が咲きます。おたがいの有益な情報を交換しながら、次第に同じ農業を楽しむ仲間としてコミュニケーションをとることも楽しみ方のひとつです。

ステップ③　自分で作った野菜を楽しむ

これこそ農業のいちばんの楽しみでしょう。スーパーや野菜の直売所で「とれたて野菜！」「産直野菜！」「朝どれトウモロコシ」などのキャッチコピーをよく目にするかと思います。

しかし、想像してみてください。目の前で育った、自分が栽培している野菜。それを手に取り、口に入れます。**これぞ、どこよりもいちばん早い「とれたて野菜」です。**

実際に口にするとれたての野菜は、本当にみずみずしくて、おいしいことこのうえありません。栽培方法もわかっているので、そのままガブリとかぶりついても安心安全です。家に持ち帰れば、その野菜をつまみに冷たいビールをいただく。自分で農業をするからこそ得られるぜいたくといえましょう。帰宅後の楽しみを思えば、昼間の農作業も心地よく感じます。

自分たちだけで食べきれないときは、近所の方におすそ分けするのもおすすめです。翌日、「とてもおいしかったです！」なんていわれると「自分、農業やってる～」と満足し、さらなるモチベーションにつながります。

と、少々自己満足に浸ってしまいましたが、**これらは本格的な農業を始めてからも変わらない楽しみだと思います。**週末農業を楽しみながら、経験を積んでください。

週末農業は、まずは自分たちで食べて楽しみ、「余ったらおすそ分けする」くらいの気持ちで行うのがベストです。

週末だけとはいっても、農作業は大変ですよね？

準備を怠ると大変な目に……

農園の広さにもよりますが、一般的な市民農園・レンタル農園であれば、農作業自体はそんなに大変ではありません。強いていうなら、今までの仕事にはない立ちっぱなしや中腰での作業から、翌日に筋肉痛になる程度でしょうか。

それよりも大変なことは、**初めての週末農業ゆえ起こる、〝ついうっかり〟な事態です。**初心者によくあるのは次のようなケースです。

・当日の作業を事前に考えていませんでした……

間違っても、畑に行ってから当日の作業を考えることのないようにしてください。

特に市民農園の場合、道具や事前の準備がないとせっかくの週末を棒に振ってしまいます。市民農園で週末農業を始められる方はまず、畑に行く数日前までになにをするかを決めてください。市民農園に見学に行った際、ほかの利用者の方がいたらどんな準備が必要か聞くのもよいでしょう。

ほとんどのケースとしてまず畑を耕すところから始めるので、土を耕す**クワ**は必要だと思います。インターネットなどでも、なにを準備したらよいか情報が出ているので参考にしてください。

民間のレンタル農園の場合、最初の申込時になにから作業するか、スタッフの方からの指示があると思うので、それに従います。作業に必要な道具はレンタル畑にそろっています。

どのような施設でも、週末農業においては時間が限られている点は同じです。

市民農園でもレンタル農園でも、**畑に行ける日のスケジュールが決まったら、行った日にどんな作業をするかをイメージしておきましょう。**

・自然を甘くみていました……

当然自然は待ったなしです。急な用事で畑に行けないことがあっても、作物はどんどん育ちます。**特に夏野菜の代表選手・キュウリやナスは、毎日収穫しないと驚くよ**

うな大きさになります。逆に、長い期間水やりを怠ると枯れることもあります。

最近は地球温暖化による異常気象も無視できません。炎天下で農作業どころではない状況であったり、台風でせっかく作った支柱が壊れたり、雹（ひょう）や雷雨などで作物がダメになるようなことも往々にしてあります。

「深瀬なんちゃって農園」も、雹でタマネギをやられたことがありましたね。くやしい思いをしましたが、自然相手なのでどうにもならないところです。

また、作物も病気にかかります。専門的な話はここではしませんが、その対処はベテラン農家さんでもむずかしく、なかなか初心者では対応できません。**市民農園の方はインターネットで調べ、民間のレンタル農園の方はアドバイザーやスタッフの方に聞いてみるとよいと思います。**いずれにしても、隣の畑の作物に病気が広がって、ご迷惑をおかけすることだけは避けたいですね。

一般的なレンタル農園なら農作業自体はそこまで大変ではありません。予期せぬ事態があることを心得て準備しましょう。

市民農園・レンタル農園で気をつけることは？

農園は「シェアであること」を忘れずに

市民農園もレンタル農園も、同じ畑をみんなでシェアしています。いわば賃貸マンションに入っているのと同じです。マンションの規約に従うように、その農園のルールに従う必要があります。

また、狭い区画での栽培です。作物の手入れのしかたでのトラブル、ほかの利用者とのトラブルなども起こり得ます。

自然を相手にするだけでなく、**既存のルールを守ることや周囲の人々に配慮すること**も週末農業では大切なことです。

具体的なルールとしては、自分の畑で出たゴミは持ち帰る、道具は元にあった場所に戻すなどですが、市民農園・レンタル農園それぞれでその内容は異なります。

市民農園の場合　ルールが多い

先ほどもお伝えしたように、市民農園はスタッフが常駐していません。利用区画の管理は自分で責任を持って行うという前提から、畑の運営も自己管理に任せられる点が多く、ルールも細かく設定されています。具体例を挙げると次の通りです。

（市民農園のルール具体例）
- 雑草は放置せず定期的に除草を行う。共有部分（通路など）の雑草も除草を行う
- 農園内で発生した野菜くずは持ち帰る
- 栽培に使用し不要となった資材・ゴミなども自分で処理する
- サツマイモやカボチャ、スイカなどのツルもの（ツルが長く伸びる野菜）は、区画からはみ出さないようにする

このように、厳しく定められています。

もっと細かい場合は、収穫まで時間がかかる野菜の**植え付け**（苗や苗木を植えること）は行わないとしているところもあります。これは、1年間で農地の貸出期間が終了したときに、栽培作物が残らないようにする配慮からです。なので、栽培作物を決

めるときに注意が必要です。また、農園内だけではなく、農園の近隣住民に対しても迷惑をかけないよう注意を促されています。

レンタル農園の場合 市民農園より比較的ルールが少ない

レンタル農園の場合は、管理人やスタッフが常駐しているので市民農園ほど多くのルールはありません。ただ、申込時に決めたプランから変更する、プラン以外のことをする場合はスタッフに届け出るなど、手続きが必要なことがあります。

また、場所によっては農薬や化学肥料の持ち込みはNGのところもあります。市民農園と比較すると、栽培する作物の自由度は低い傾向があります。事前にその農園のルールを確認することも大事ですね。

農園はほかの方との共同利用の場です。既存のルールを守り、周囲の人々に配慮します。

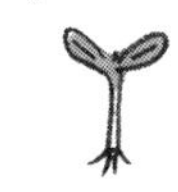

有機農業に興味があります。週末農業でもできますか？

有機農業とは？

これまで初心者の方から聞くことが多かったのは、**「有機農業」**というワードです。有機農業＝安心安全な野菜というイメージが強いと思います。

有機農業・有機野菜をきっかけに、農業へ興味を持たれた方も多いのではないでしょうか？

そもそも有機農業とは、化学肥料・農薬に頼らず、食の安全や環境に配慮した農業のことです。ただ、有機農業を営む農家さんによっても有機農業についての解釈はさまざまで、それこそ何十通りもあると考えられます。

一応定義だけお伝えします。

（有機農業の定義）＊「有機農業の推進に関する法律」より

- **化学的に合成された肥料及び農薬を使用しない**
- **遺伝子組換え技術を利用しない**
- **農業生産に由来する環境への負荷をできる限り低減する**

わかりやすくいうと、**「環境に負荷をかけず、土が本来持っている力で行う栽培方法」**です。本書では有機農業についてそこまで深くは解説しませんが、興味のある方向けに有機農業のメリット・デメリットを簡単にお伝えします。

有機農業のメリット　安心感

有機農業は、化学肥料・農薬を使わないため安心感があります。**慣行農業**（かんこう）（観光ではありません。化学肥料や農薬を使い、作物を栽培する従来の農法のことです）で作られる作物よりもおいしいという意見もあります。

ＳＤＧｓが注目されている現代では、時代のニーズに合った栽培方法といえるかもしれません。

有機農業のデメリット　手間がかかる

農薬を使わないため、農薬を使う栽培方法に比べて、害虫や雑草対策などにさく人手と作業が増えます。また、作物の生長するスピードもおだやかなので、その分手間もかかり、収穫量も少なめです。

経営的観点では販売ルートも限られるので、専属契約しているお客さんに宅配で販売したり、スーパーの有機野菜のコーナーにおろす農家さんが多いです。

こういった面もあり、有機農業に取り組む農家さんも年々増えてはいるものの、諸外国と比較すると日本はまだまだです。全国規模でみても、有機農業の取組面積は2万5200haと、全体の0.6%です。（「2020年　日本の有機農業の取組面積の推移」農林水産省より）。

週末農業で有機野菜は育てられる？

結論からいうと育てられます。プランターの栽培なら自分だけなので（手間は増えますが）問題なくできますし、市民農園・レンタル農園で育てられるところもあります。レンタル農園によっては、有機栽培を指定している場所もあります。

ただ、市民農園やレンタル農園で有機農業をする際、気をつけたいことがあります。先ほどお伝えしたように、有機農業は農薬を使わないので害虫や雑草対策が必要です。その結果、自分の畑で発生した害虫によって隣の畑に被害が及んだり、手入れを怠ったことで隣の畑まで雑草が生える恐れもあります。

逆も同様です。隣の畑が有機栽培だった場合、自分が使っている農薬が隣の畑に飛散したり、土に混じったりしないよう気をつけなければなりません。

有機農業をやっている本人が満足していても、実は周りに迷惑をかけていた、なんてことが市民農園やレンタル農園ではあります。

隣近所の畑がどのような栽培方法をしているか確認することも大切です。

週末農業でも有機農業はできますが、
市民農園・レンタル農園では注意が必要です。

野菜をたくさん作っても食べきれない場合は、どうしたらよいですか？

初心者によくある「収穫しすぎ」の落とし穴

突然ですが、初心者だとどれぐらいの野菜がとれると思いますか？

例えばナスの場合。初心者だと、１株からとれるのは、だいたい20～30本くらいが目安です。

私の「深瀬なんちゃって農園」で最近作ったナスも、猛暑の影響を受けながらそれでも1株から30本ほど収穫できました。

これがプロの農家さんとなると、１株から１００～１５０本程度収穫すると聞きます。そう考えると、やはり農家さんの技術力はすごいですね。

収穫はもちろん農業の成果ではありますが、実はとれすぎるのも困りものです。

例えばナスを2株植え、60本のナスが収穫できたとします。この60本を多いととら

える か、少ないととらえるかは意見が分かれると思いますが、よく考えてください。

1年の間でナスを収穫できる時期は限られています。

つまり、限られた期間のうちに60本のナスができるわけです。

スーパーで売られているナスは1袋にだいたい3〜4本程度ですが、60本は1週間毎日ナスを食べても余る数です。当然、自分の家だけでは消費しきれませんね。

初心者はたくさん植えればいいと考えて、こうした「収穫しすぎ」の事態に陥ります。

あくまでも個人的意見ですが、特に男性はその傾向が強いように思います。男性は、収穫する醍醐味を求めてたくさん植えがちです。

実際、私はたくさん作ることに意義を感じ、多く苗を植えてしまいました。

過去には、ジャガイモ（実はナス科の仲間なんです）の種イモを5kg植えたことがあります。種イモとは植え付けのために作られたイモのことで、ジャガイモは種イモの5〜10倍相当の量が収穫できます。おかげで大量のジャガイモを収穫できましたが、私と妻だけでは当然食べきれない量です。

そんなときには遠くの友人に宅配便で送ったりします。喜ばれるとうれしい反面、送料もばかになりません。結果として「買うほうが安かったのでは」と、なんのために野菜を作っているのかわからなくなることもときにはあります。

解決策は「少量多品目栽培」

野菜を作りすぎてしまう対策としては、あまり広くない市民農園・レンタル農園でも**「少量多品目栽培」**を心がけましょう。すなわち、ひとつの種類の野菜を作る量は少なくして、品目を増やすということです。

どれぐらいの種類かというと、春夏であれば、ミニトマト・キュウリ・ナス・ピーマン・エダマメ・トウモロコシなど、秋冬であればハクサイ・キャベツ・ダイコン・タマネギなど――といった具合に、年間を通して15種類くらいの野菜が収穫できます。ただ、葉っぱが大きいと日当たりが悪くなる、ツルが伸びやすいなど、野菜はそれぞれに特色があります。

品目が多ければ多いほど、それだけ手間がかかります。

63ページのように土地の広さに気をつけ、種まきや苗植えから収穫までどんな作業が必要かイメージして**作付け**（畑に農作物を植え付け栽培すること）しましょう。

ナスを例に大まかな作業工程を紹介すると、下の図のような流れが一般的です。

本格的な農業を目指すなら、この先ずっと市民農園やレンタル農園で野菜の栽培を楽しむわけではありません。そして先々メインとする作物を決める必要があります。後ほど解説しますが、その作物を中心にラインナップを整えましょう。もし、その作物がナスであれば、栽培を極めることで1株から150本も夢ではなくなります。

安定して栽培できれば、初心者でも自分の作った野菜を売ることができます。

初心者は作りすぎる傾向にあります。
少量多品目栽培に挑戦しましょう。

ナス栽培の流れ

ナスの状態	種	発芽	苗	定植後	開花
作業	育苗土(いくびょうど)（種を育てる土）に種まき	本葉が2枚になったらプランターに移す	定植（苗を植えること）。支柱立て、水やりなど	支柱立て、水やり、肥料の追加、害虫駆除など	開花後15〜20日前後で収穫。新聞紙に包んで日陰で保存
環境	箱	プランターなど	畑		

土作り				
	定植の2週間以上前 耕す・石灰などを施す	定植の1週間前 耕す・肥料などを施す	畝立て	追加した肥料を混ぜるために耕す

※サカタのタネ「園芸通信」（https://sakata-tsushin.com）を参考に作成

ところで、自分で作った野菜を売ることはできますか?

状況に合わせた「販売ルート」を選ぼう

一定の収穫量が確保できたら、自分で作った野菜を販売することは可能です。今はさまざまな販売ルートがありますので特徴とともに紹介します。

無人販売　**自分の敷地がある方向け**

道路沿いに簡易な販売小屋を用意し、そこに野菜を並べ、募金箱のようなところに代金を入れ、無人で販売しているあれです。読者の皆さんも目にしたことはあるかと思います。**販売場所が自分の家の敷地内であれば、販売許可を取らずに販売することが可能です。**ただ、路上で無人販売する場合は保健所の許可が必要になります。

販売先は近所や通りがかった方に限られますが、売れ残ってもすぐに自分で引き下げられる利点があります。また、自分で野菜の価格を決めることができます。

ちなみに、ジュースやジャムなどの加工品にして販売する場合も同様に保健所の許可が必要になるのでご注意ください。

また、もうひとつ注意したいのは、農薬を使わずに育てた野菜を無許可で「有機野菜」として販売することは、法律で禁止されています。どうしても有機野菜として売りたい場合は、認証機関（有機ＪＡＳ認証制度）の認可が必要です。

ネット販売　**インターネット上で売りたい方向け**

全国のお客さんに自分の作った野菜を販売することができます。自分でネットショップを立ち上げる方もいますが、最近は既存のネットショップに登録して出品することもできます。

具体的なネットショップを挙げると、農作物やお肉などを扱う**「食べチョク」**や、**「ポケットマルシェ（ポケマル）」**などがあります。野菜の発送や梱包などの作業が発生しますが、自分でネットショップを立ち上げる必要がなく、運営の手間もかかりません。決まったフォーマットで出品から決済までできる点は便利です。インターネット上で**直接消費者とつながることができるのも魅力です。**

ただ、ネットショップ上で売れるかどうかの保証がないので慣れないうちはむずかしいかもしれません。

道の駅・直売所　道の駅・直売所が近くにある方向け

観光やドライブなどで立ち寄る道の駅でも野菜をよくみかけますよね。道の駅・直売所での販売は、人の目に触れる機会は多いかもしれません。また、**自分で野菜の価格を決めることができ、引かれる手数料も安いので利益が高くなる可能性があります。**

大変な点としては、店舗への持ち込みや袋詰め、ラベル貼りを自分でしなければならないことが考えられます。ライバルも多く、そのほとんどは百戦錬磨のベテラン農家さん。そのなかで野菜を手に取ってもらうには、ポップやシールを作ってアピールするなどの工夫が必要です。また、売れ残った場合は道の駅・直売所まで引き取りに行かなければなりません。

販売にあたっての手続きは特にありませんが、場所によっては組合などに加入が必要な場合があります。最寄りの道の駅・直売所に直接問い合わせてみてください。

ＪＡ（農協）　販売・出荷を任せたい方向け

ＪＡというより、シニア層の皆さんには「農協（農業協同組合）」のほうがピンとくるかもしれません。名前は知っていても、どんな組織なのかわからない方も多いと思います。ここでは簡単な説明にとどめますが、わかりやすくいうと農家さんが栽培した作物を集めて出荷し、販売ルートに乗せてくれる組合です。

ＪＡに任せた野菜はＪＡが販売してくれるので、みずから販路を広げる必要はありません。また、出荷にあたっては、買取価格から段ボール代などの手数料が引かれますが、**荷造り作業・運送作業などもすべてＪＡに任せられます。**

ただ、ＪＡに出荷する場合は規格内（形・大きさ・色など一定の規格に適合している）の野菜でなければなりません（例外もあります）。また、ＪＡから卸売市場に行くことがほとんどであるため、世の中の市場価格に左右されます。ＪＡで出荷するには、まず近くのＪＡの組合員になる必要があり、そのうえで出荷登録をします。講習会などを経て入会手続きとなりますが、かかる費用手続きに関してはＪＡによって違うので確認してください。ちなみに販売手数料は２〜３％くらい、段ボール代など含めると15％くらいですが、こちらもお近くのＪＡのホームページを確認してください。

マルシェ　直接消費者の顔をみて売りたい方向け

最近ではいろいろな場所でイベント的にマルシェが開催されています。

多いのは大きなマンションなどのなかにあるイベントスペースで定期的に行われるもので、駅の広場、店舗の軒先で行われるものもあります。

マルシェの場合は出店料が発生しますので、出店料を確認のうえ野菜の価格を考えなければなりません。

私の知り合いの農家さんには野菜をおろしているレストランさんと提携し、定期的にレストランの駐車場でマルシェを開いている方もいます。**常連のお客さんも増えたり、直接感想を聞けたりと、野菜を通してコミュニケーションが生まれている**ようです。

このように販売ルートはさまざまあります。最初は売れるかどうか不安かもしれませんが、まずはきちんと野菜を栽培することが大切です。自信を持って栽培した野菜なら、必ず消費者の「おいしい」という感想を聞くことができます。

作った野菜を売ることはできます。
自分に合った販売ルートを選びましょう。

週末農業で、栽培も収穫も経験できて満足です。もっと農業を楽しくするにはどうしたらよいですか？

ひと通り経験したら「振り返り研究」をしよう

さて、週末農業でできることについて解説しました。ここまでやれば農業はだいたい経験できました、これで大きい畑デビューもできますね、といいたいところですが、ちょっと待った！　ここで満足してはいけません。

何度もいうように皆さんの目標は「農業を仕事にすること」。

初めての収穫は収穫できただけで大満足ですが、週末農業はあくまでもプロセスです。そう考えると、それだけで喜んでいてはいけません。

ひと通りのことを経験できたら、必ず「振り返り研究」をしましょう。農業はとても奥深いものです。次のページに挙げた内容を振り返ることで、なにをしたらよいかがわかり、次の目標ができます。そして、農業がもっと楽しくなります。

週末農業　振り返り研究

- 収穫した作物は満足のいくものだったか
（作物の形や大きさ　など）
- 収穫した時期は適切だったか
（収穫する時期は早すぎなかったか、遅すぎなかったか　など）
- 収穫量は満足のいくものだったか
- 種まきや苗を植える時期は適切だったか
- 作業内容に改善点はないか
- 栽培するプロセスで障害になったものはないか
（日照りから来る水不足・逆に日照時間の短さ　など）
- ほかに栽培してみたい作物はないか

初めてですべてがうまくいったとしても、ビギナーズラックということもあります。「深瀬なんちゃって農園」も、毎年同じ作物を作っていますが、いつもインターネットで栽培方法を検索して栽培しています。しかし、毎年収穫できる作物は、どれとして同じ状態のものはありません。気候条件は毎年変わるのでしかたないにしても、肥料のやり方・水のやり方など、振り返らないとなにが影響しているかわかりません。毎年同じコンディションのものを作る農家さんの技術には、ただただ感心するばかりです。

そして振り返り研究をすると同時に、イメージしてほしいことがあります。それは、**「先々もっと広い畑で作業をしたときのこと」**です。必要な道具や機械はなにか。知識や技術はなにか。畑が広くなれば作業の方法も変わり、農作業にかかる時間も多くなります。

具体的な方法は後半の章で解説しますが、週末農業での経験をベースにもっとイメージを広げましょう。

ひと通り経験できたところで振り返り研究をしましょう。
農業がもっと楽しくなります！

52歳で始めた市民農園
(61歳・男性)
村野幸男さん・埼玉県

＼全文はこちら／

勤めていたイベント制作会社は、仕事が忙しく勤務時間も不規則でしたが、定年退職した義父が野菜作りをするのをみて、市民農園に応募。翌年に当選し、自分も念願の野菜作りを始めました。

市民農園で行ったのは、少量多品目の有機栽培。作った野菜をご近所におすそ分けしたときに聞いた**「おいしいですね」のひと言**が、農業を生業（なりわい）にしようと思ったきっかけかもしれません。

子供もすでに独立して多少の貯えもあったので、61歳で本格的に農業を開始。**地域の高齢者に有機野菜のお弁当やお惣菜を販売する店舗のオープンを夫婦で計画中**です。さまざまな可能性があり、70歳・80歳まで続けられるのが農業。シニア世代は、ライフスタイルや生きがいをイメージして農業をやるのもよいと思います。

INTERVIEW

介護講師と農業の二刀流
(56歳・女性)
長田江美子さん・兵庫県

＼全文はこちら／

私が本格的に農業を始めたのは50歳。介護職を20年続けた一方、「食べ物を育てる」ことに興味があり、レンタル農園で12年、趣味で野菜を育てていました。農業も20年かけてみたいと考え、**「迷っている時間がもったいない！」**と50歳で一念発起。農業を志す仲間や地域の人とのご縁もあり、農業の仕事を始められました。

すきま時間で作業するなど、農業は自分の裁量で行えます。忙しいときもありましたが、介護講師と農業の二刀流だからこそ**損益のバランスがとれているし、植物との触れあいや自分が介在することに価値を感じています**。70歳までは今のスタイルで、70歳をすぎてからは趣味で農業をしたいですね。人生いつ終わるかわかりません。農業に興味があればまず動いてみてください。

2部

さらに農業を深めよう

4章 情報収集のしかたを教えて!

5章 農業に関する知識や技術を知るには?

6章 実際に相談に行ってみよう!

7章 知っておきたい! 農地や資金についての基礎知識

農業について情報を集めたいのですが、いろいろありすぎてわかりません。

初心者の前に立ちはだかる「情報収集の壁」

情報社会の今、農業に関する情報もありとあらゆるものがあります。そのなかで「今の自分がほしい情報」を的確に集めることは困難です。

特に農業の情報は、インターネットや本などいろいろありますが、どれも総じて専門的な内容が多く、わかりにくいのが現状です。

試しに、農業を始めるにあたって、本屋さんで本を選んだとしましょう。目の前の本棚には、さまざまな農業書が陳列されています。あなたは「なんとなくこれかな？」と思って手に取り、開いて中を読む。まず、書いてあることが自分に必要な情報なのかどうか判断ができない。こんな場面が容易に想像できます。

ある程度、農業についての事前知識がなければ本を選ぶことすらむずかしいのです。

インターネットでも検索すれば情報はたくさんみつかります。

例えば「農業　始める」と検索したとします。すると、農業学校の案内や農地の取得のしかたなどが出てきます。そこから「農業を始めるには学校に行かないといけないのか？　土地がないとダメなのか？」と思ってしまうかもしれません。

そうなんです。そもそも、インターネットで検索するにも、的確なキーワードが初心者にはわからないのです。

農業の情報収集をするうえで大きな障壁となっているのが、このキーワード、つまり「専門用語」です。

ちなみに、農業の始め方などの情報を調べるなら、検索キーワードは**「新規就農」**と入れるのがいちばんよいかと思います。でも皆さん、「新規就農」という言葉を聞いたことはありますか？

「就農」とは農業を仕事にすること。「新規就農」というのは、あたらしく農業を仕事として始めることをいいます。「新規就農者」は、あたらしく農業を仕事として始める人という意味で、農業関係者の間では当たり前のように使われている言葉です。

以前、イベントで300人ほどにアンケートを取りましたが、「新規就農」という言葉を「知っている」「聞いたことがある」と回答した人は、ほとんどいませんでした。

この「新規就農」というキーワードをそもそも知らなければ、まさに「新規就農者」になろうとしているはずの皆さんは、ほしい情報をなかなか手にできません。

そのうえ、情報提供者側は、本でもインターネットでも、この専門用語をおかまいなしに使います。初心者が努力して情報を取りに行ったところで、**その情報は決して初心者向けに優しく解説されたものではない**ということです。

幸運にも初心者向けの情報にたどり着いたとしても、そこに続く情報にまた専門用語がちりばめられ、読み進めて行けば行くほど「？」と泥沼にハマります。

九九にたとえるなら、初心者がほしいのは「一の段」の情報なのに、農業界は「四の段」から上くらいの情報提供が多いのです。

このような背景から、農業界では初心者の情報収集が特にむずかしいと考えられます。これは情報を提供する側にも問題があると思われるので、「情報をうまく収集できない」とご自身を責める必要はありません。

効率的に情報を集めるにはどうすればよい？

さて、農業を始めようとすると、段階によって必要な情報の種類は変わります。

2章では「自分と農業を近づける情報」を扱いましたが、ある程度自分と農業の距離が縮まったところで、今度は**「実際に農業の仕事を始めるための情報」**が必要になるのです。いよいよこの情報を2部以降で解説していくわけですが、専門用語の壁、つまり情報収集の壁が特に高くなる段階でもあります。

これを解決するため、わかりにくい専門用語には、可能な限り解説を入れるようにしますので、今後の情報収集に役立ててください。

ちなみにインターネットや本以外にも、便利な情報収集のしかたがあります。

それは、**「新・農業人フェア」**という、農林水産省が補助事業として開催している就農イベントです（5章でくわしく紹介します）。あたらしく農業を始めたいと思っている方や、農業に興味のある方に向けて情報を提供しています。各都道府県の自治体や、**農業法人**（農業を営んでいる会社のことですね）が出展し、直接対面で各地域の情報やそれぞれの会社の情報を提供してくれます。また、セミナーや相談コーナーもあるので、自分のほしい情報を1日で手に入れることも可能です。

しかし、いくら便利とはいっても、まだまだなにもわからない状態で、そういったイベントに行くのは少し気が引けるという初心者の方も多いと思います（興味があるのにいきなり飛び込めない。これも情報収集の壁ですね）。

そのために4章では効率的な情報収集をするために、最低限押さえておくことを中心に紹介します。これを押さえておけば、そういった便利な機関にも相談に行けるようになると思います。

農業は情報収集が特にむずかしい業界。相談機関に行く前に、最低限の準備をしましょう。

農業には、どのような始め方がありますか？

「どう始める？」の前に、押さえておきたいこと

農業の始め方を知る前に、まずは最低限のキーワードを押さえておきましょう。

そもそもですが、農業は大きく2種類に分けられます。

ひとつは**「耕種農業」**。お米、野菜、果樹、お花などを栽培します。

もうひとつは**「畜産農業」**。牛乳を生産する酪農、卵を生産する養鶏、食用肉（牛・豚・鳥）などです。

読者の皆さんが行うのは、耕種農業の場合がほとんどでしょう。

しかし、耕種農業という言葉もあまり使いませんので、ここでは分類だけ覚えていただければ大丈夫です。

また、農業は始め方、つまり就農方法にも種類があります。大きく3つに分けられるので、次のページでそれぞれ紹介します。

就農方法①　**親元就農**

両親または祖父母が営む農業経営を将来的に引き継ぐことを目的として、いっしょに農業経営を行う就農方法です。

就農方法②　**新規・独立自営就農**

独立就農は、自分が経営者となって農業経営をする就農方法です。

つまり、**新規・独立自営就農は、一般にいうところの「起業」と考えてください。**

農業で起業する、そんなイメージです。自分で農地を探し、作物の栽培や機械の手配、販路の開拓まで行うので軌道に乗せるまでが大変です。

就農方法③　**法人雇用就農**

農業経営をしている会社に就職する方法です。試験や面接も受けなければなりませんが、社員として雇用されるので毎月給料が支払われます。

ざっと説明しましたが、読者の皆さんは、**新規・独立自営就農**もしくは**法人雇用就農**を選択することになるかと思います。この2つを知るだけでも、自分がどういうふうに一人前の農業者になるのか、道筋がみえてきますね。

最終ゴールは「新規・独立自営就農」

ここからは、自身で農業経営を行う**新規・独立自営就農**をゴールにして目指す方法を主体にお話しします。

必要に応じて、法人雇用就農（農業経営をしている会社に就職）を途中ですることもありますが、皆さんが目指す「農業で生きる」方法はこれらにあたります。

先ほどもお伝えしたように、新規・独立自営就農は、起業と同じです。

起業は資金もオフィスもノウハウも自分で用意します。

つまり、農業も同じです。

資金も自分で用意しなければなりません。また、農業に必要な農地も用意しなければなりません。技術と知識も自分で取得しなければなりません。

まとめると、新規・独立自営就農には次の3つが必要です。

新規・独立自営就農に必要な3つ

①技術と知識

栽培技術は、市民農園などをベースに高めていきます（週末農業の延長ですね）。そのうえで、実践的な技術や知識を身につけていく方法を5章で解説します。

②資金

始める規模にもよりますが、できる範囲のなかで資金を集める必要があります。農業特有の税金や補助金もありますが、それは7章で解説します。

③農地

農地にも農業ならではの法律があり、一般的な不動産とは少し異なります。どのように探して取得するか、7章で説明します。

このように並べると、「え〜、農業を始めるのってなんだか大変だな」と思うかもしれませんが、この3つはあくまでも最終的な話です。これから順を追ってひとつずつ手に入れていきましょう。

そしてなによりも忘れてはならないのが、これらを踏まえたうえで**「自分のやりたい農業」をイメージすること**です。

- どんなものを作りたいのか
- どういう農業をやりたいのか
- 農業によってなにを手に入れたいのか

ステップが進み、覚えることが多くなると、「自分のやりたい農業のイメージを固めること」を見失いがちにもなります。必ず念頭におきましょう。

農業の始め方は3つあります。自分で農業を行う方法は「新規・独立自営就農」です。

「自分のやりたい農業」のイメージが指針になる

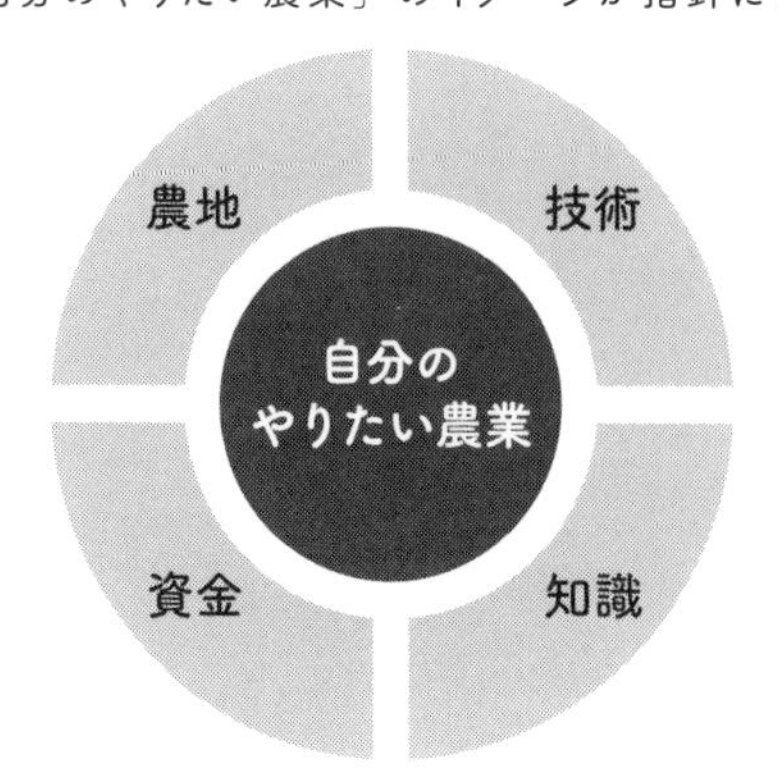

栽培する作物はどのように決めたらよいですか？

初心者が始めやすいのは「露地野菜」

新規就農にあたって、栽培する品目を決めるのにルールは特にありません。週末農業と同じように、自分が作りたいものを作るのが基本ですが、まずは大きく「野菜」なのか「果樹」なのか、「お米」なのか、それとも「お花」なのかといった点から検討しましょう。

例えばお米の場合は、広い田んぼが必要になります。また、広い田んぼを耕す**耕運機**（田や畑を耕す農業機械）や、大規模になれば**コンバイン**（稲を刈り取り、脱穀する農業機械）も必要です。ゆえに、かなりの初期投資がかかります。

お花の場合は、正確には花卉（かき）農業といいますが、これは観賞用・贈答用のお花を栽培する農業のことです。屋外で栽培することも可能ですが、害虫や天候に左右されるリスクが大きいため、ゆくゆくは**ビニールハウス**が必要になります。

果樹の場合は、ゼロからスタートすると木を育てるところから始めなければなりません。「桃栗3年柿8年」の言葉通り、桃の場合、木を植えてから実を結ぶまで3年かかります。つまり、**3年間無収入**になるということです。そのため、果樹栽培を始めたい方は、木がすでに生えている畑を引退される農家さんなどからゆずり受けたほうがよいです（そんな虫のよい話はあまりないですが）。

いずれもコストが伴うので、新規就農者の方は**露地野菜**（ろじ）を選択されるケースがほとんどです。露地野菜とは、ビニールハウスなどを使わずに屋外の畑で野菜を栽培する方法のことです。**比較的低コストで始められるため、初心者にとって参入しやすく、週末農業にも向いています。**

露地野菜はどうやって決める？

では、なにを作るか露地野菜にしぼってみていきましょう。野菜を決める際に参考になる点は次の通りです。

野菜の決め方①　**自分が好きな野菜**

自分が食べたい、育てたいというのは大事です。自分がおいしさをわかっている野菜でないと、消費者にはすすめられませんからね。

野菜の決め方②　**週末農業で体験した野菜**

週末農業で育てやすかった作物や、比較的自分の力量でもうまく栽培できそうだと思った作物はラインナップに入れるべきでしょう。市民農園やレンタル農園で始める場合は、成長が早いコマツナは達成感が得やすいです。「深瀬なんちゃって農園」では、何年か連続してピーマンが相性よく育てやすかったです。

野菜の決め方③　**収益力の高い野菜**

今後の農業経営を考え、収益力の高い野菜を集中的に栽培するのも手です。ちなみに**「儲かる野菜」**としてよくいわれるのが次の作物です。

・いつも食卓を飾るミニトマト

少ない面積でたくさん収穫することができ、1個あたりの単価も高いのが特徴。夏は流通量が増えるので単価が下がりますが、春・秋・冬に出荷できると高単価が見込めます。しかし、その場合はハウス栽培なので、初心者にはむずかしいですね。

・定番料理に欠かせないキャベツ

栽培はさほど手間がかからず、時間を費やさずに収入が期待できます。ただ、大きさがあるので広い畑が必要になります。そしてなにより重いのがネックです。

・意外なところでサトイモ

ゆっくり育ち、害虫にも強く管理が楽です。作業時間も少なくすむのもありがたい点です。ただし、収穫の際、土から掘り起こすのはかなり労力がいります。

「儲かる露地野菜」のポイントが知りたい！

「儲かる」というのは、皆さんが特に気になるところかと思うので、そのポイントを次にまとめました。土地や条件によっても育てられる作物が変わってくるので、参考程度にみてください。

儲かるポイント① 希少価値・付加価値がある

数年前から出始めているめずらしい**西洋野菜**は、流通量が少ない分、単価が高くなります。

また、先ほどの**ミニトマト**のように時期によって生産量が変動する野菜も、需要が高まるタイミングで出荷できれば単価も高くなります。

儲かるポイント② 経費が安い

売上を伸ばすだけでなく、安い経費で作ることができる野菜もねらい目です。

先ほどの**サトイモ**のように手間がかからない野菜は、その分労働時間が短くなり、人件費が少なくすみます。前述した**キャベツ**や**レンコン**などもあまり手間がかかりません。

逆にブロッコリーは非常に多くの肥料が必要だそうです。その分費用もかかるわけですから、作物によっては肥料の量も確認が必要ですね。

儲かるポイント③ 競合相手がいない

ポイント①の野菜もそうですが、競合相手がいないと希少価値が高い野菜ということになります。

そういう点では**ハーブ**の栽培も注目されています。最近では、アジア野菜の**パクチー**も人気があります。パクチーは収益性が高いといわれ、軽いのでシニア世代向けの作物かもしれませんね。

また、「加賀白菜」や「聖護院大根（しょうごいんだいこん）」など、古くからある**伝統野菜**を中心に栽培し、ブランドを確立している農家さんもいます。

このあたりをポイントに作物を選ぶのもよいでしょう。ただし、**あまり栽培例のない野菜だと、なにかあった際に指導を仰げないのが難点です。**

私自身の話でいうと、初年度はまずジャガイモからスタートしました。そのあと、ナス、ミニトマト、キュウリ、ピーマンと植え、自分なりに満足のいく収穫が得られました。

しかしその裏で、トウモロコシ、小玉スイカはカラスにすべてやられ、カボチャはツルばかり伸び、あまり収穫できませんでした。

最初はあまり考えず、まずは自分の作ってみたい野菜をリストアップするのでよい

と思います。

実際に種を植えてみるとわかると思いますが、まず芽が出たときに「これがいずれあの野菜になるのか」と、ワクワクする感じがかなりあります。

どんどん育つにつれて成長が気になり、今まで憂うつだった雨の日も「作物にとっては恵みの雨だな」なんて意味もなくポジティブになります。

ちなみに農家さんは基本的に種から苗を育てて栽培しますが、初心者なら苗から植えると効率がよいです。ただ、自身の畑の広さと相談し、種から植えるのか、苗から植えるのかも考えてください。苗から植えると、種よりもコストが高くなります。

農業初心者が始めやすいのは「露地野菜」です。

農業を始める場所はどのように決めたらよいですか？

「どこで始めるか」は初心者がいちばん迷う点

本格的に農業を始める場合は、農地のことは避けて通れません。広さや場所にもよりますが、農地を借りてもかかる費用は年間1万〜2万円程度なので、金銭的にはそこまで負担にはなりません（7章で解説します）。

しかし、問題はそこではなく、**「どこで始めるか」**です。

都心に住んでいる場合、近くで農地をなかなか借りられないのが実情です。今住んでいる家の周りに農地がない場合、借りられる農地が家から通える距離なのか、のぞんだ広さなのかが問題です。

条件が合わなかった場合、どうしても**移住**を考えなければなりません。

移住を考える際、まったく知らない土地よりは、祖父母の実家の近くなどなにかしらネットワークがあったほうが有利なのはたしかです（ついでに、祖父母が使ってい

ない畑を持っていたら最高なのですが、そんな都合のいい話はないようで……)。

しかし、**「あたらしく農業をやりたい」と、実際に相談に来る方の大半はネットワークのない方です。**ネットワークがない反面、縛りもないのでどこでやってもいいという方がほとんどです。

各都道府県の相談機関で土地を紹介されるケースもありますが、思い切って自分の住みたい場所、憧れの場所に移住をするのもひとつです。

実際、「もう子供も独立したので、今の家を引き払い、違う地域に引っ越して農業にかかわりながら余生を過ごしたい」というシニア世代も多くいます。

「憧れの土地」で農業を始めるときに注意すること

1章でもお伝えしましたが、今や日本全国に「我が県で農業を!」という地域が多いです。そういう都道府県は手厚く相談に乗ってくれると思いますし、全国どこでも始めようと思えば始められるといっても過言ではありません。

ただ、**移住先を決める際の注意点として、情報収集はきちんと行いましょう。**

これは実際の話ですが、「北海道で農業をしたい」と思った人が、事前にその地域を訪ねたそうです。訪ねた時期は6〜7月と、北海道のベストシーズンです。すばらしい自然、おいしい空気、おいしい食べ物を満喫。帰って来て即、北海道への移住を決めましたが、実際は冬の厳しさに耐えきれず、とんぼ返りになってしまったようでした。

こういったケースもたまにあります。移住先を決めるときは、その地域のいちばん厳しい時期に訪れるなどして、リアルな生活を感じるのがよいでしょう。

それと、**その地域のコミュニティーになじめるかどうか**も重要です。地域に溶け込むことができず、断念して帰って来るケースもあります。

あとの章でも解説しますが、希望の土地で農業体験をして、事前に確認するのも手です。移住先候補地で農業体験をして、その地域の農家さんと会話することで、農業以外の生活を知ることができます。

やろうと思えばどの地域でもできますが、事前にリアルな生活感を確認しましょう。

やっぱり自分に作物を育てられるか不安です……。

小学校の「アサガオ栽培」を覚えていますか？

週末農業などで農業の経験を積んでも、いざ仕事にしようとすると「自分は作物を育てられるのか？」と初心者の方は不安になると思います。

実際にイベントで寄せられたのは、**「小学生のときにアサガオを枯らしました。本当に私でも作物を育てられますか？」**という質問でした。

50代の方であれば40年近く前のトラウマですが、作物を育てた経験が少ない方にとっては、「アサガオを枯らしたこと」さえ大きな失敗体験なのだと思います。

そこで私がお伝えしたいのは、**作物を栽培することは小学校のときの「アサガオ栽培」の先にあるものだということ**です。「一体なんのことか?」という方もいるかもしれませんので、もう少し踏み込んで説明します。

読者の皆さんのほとんどは、小学生のときに経験しているであろうアサガオの栽培。夏休みは家に持って帰るのですが、なかなかうまく栽培できず、枯らした経験がある方も多いと思います。アサガオは放っておいても育つイメージがありますが、実はきちんと栽培しないと花が開かないケースもあるのです。

また、ツルを伸ばすためにたくさんの水が必要で、生長期には1日2回水やりが必要です。水が足りないとツルを伸ばすことができず、次第に枯れてしまいます。多くの小学生は、だいたいこのケースで枯らします。

ところで、そもそもアサガオを育てる目的とはなんでしょうか?

成長記録を書く。咲いた花を写生し、そして夏休みの宿題として先生に提出する。それが目的なので、「花をきれいな状態で保って愛でる」目的からは少し離れています。目的を果たすとアサガオの役割は終わり、悲しいかな、花は枯れゆく運命です。

しかし、これから皆さんが行う農業・作物の栽培の目的は「収穫」。

宿題のためのアサガオとは違い、作物の収穫を毎年継続して行えるようになるのがゴールです。

そのために必要な日照時間や、水の量・肥料の量などをいろいろと勉強し、作物に施します。結果として作物は力強く、色鮮やかに成長します。

読者の皆さんも夏に畑をみることがあると思いますが、あまり枯れている夏野菜にはお目にかかりませんよね。野菜そのものが持つ力と、栽培する農家さんの知恵と技術が融合した結果です。

そしてそれは、決して農家さんにしかできない話ではありません。

皆さんも作物を栽培するようになれば、作物の成長が気になってしかたなくなります。

そういう気持ちから、知識や技術を身につけようとするものです。

ですから自信を持って、作物の栽培に取り組んでください。

先々本格的に農業を行うようになれば、知識と技術を身につけて安定した作物を育てることができます。それは安定した収穫量につながり、すなわち経営に直結します。
そこまでになれば、もうそこにはアサガオを枯らした皆さんは存在しません。

余談ですが、「深瀬なんちゃって農園」では、猛暑が続いた夏の時期、ナスもピーマンもキュウリも、朝に水やりをしても、作物が陽に焼けてしまうことがありました。みるも無残な姿を目の当たりにして落ち込みましたが、テレビのニュースで「野菜が陽に焼け農家さん大打撃」と報道があり、自分だけではないのだと胸をなでおろしました。

自分の知識や経験だけでは解決できない問題も起こりうるのが農業ですが、知識や技術があればリスクを軽減することもできるのです。
農業にかかわる知識や技術を、プロから学ぶこともできます。それについては次のページから説明していきます。

不安になるのは当然です。
必要な知識や技術をきちんと身につけていきましょう。

プロから直接教えてもらうことは可能ですか？

プロから学べる4つの場所

初心者が農業技術や知識をプロから教えてもらえるところはいくつかあります。比較的入りやすいものから挙げると、

農業体験　週末農業アルバイト　農業ボランティア　農業インターンシップ

この4つでしょうか。それぞれ注意点と合わせて次のページから説明します。

プロから直接教えてもらえる場は、おもに4つあります。

学べる場①　「農業体験」とは？

「先生と生徒」の関係で学べる「農業体験」

農業体験とは、農家さんのところで、実際に土に触れて農作業を体験するものです。いわば「先生と生徒」のような関係で農業の知識や技術を教えてもらえます。

農業体験の目的は、農業を自分の目や感覚で理解すること、農家さんの暮らしに触れることで農作業以外の生活感を体験することですが、体験を行う農家さんや運営団体によって、それぞれ体験内容も異なります。

読者の皆さんのように、農業を仕事にと考えている人が参加するものもあれば、レジャーや子供の食育を目的とするものもあります。

実施期間にも違いがあり、期間によって**「短期農業体験」**と**「中期農業体験」**に分けられます。自分の目的とスケジュールに合わせ選択してください。

短期農業体験とは？

短いもので半日から1日、農業体験を実施しています。半日のものは「〇〇狩り」のようなレジャー感覚で行う体験が多く、読者の皆さんの目的とは少し異なります。お子さんといっしょにまず農業を感じてみたいとか、この先どうかはわからないけど農業を少し感じたい方にはおすすめです。また、1泊2日などの短期間で農家さんに宿泊して行う農業体験もあります。ここで農業を感じて、「おもしろそうだな」「やってみたい」と感じた方は、1章に戻って手順を踏んでみてください。

農家さんによってプログラムもさまざまですが、希望すれば実際の作業に近い、ガチな農業体験ができます。

費用もそれなりにかかり、プログラム自体は1万〜1万5000円程度。そこにさらに交通費などが加わりますので、持ち出す費用もばかになりません。

どんな経験ができるのかを事前にきちんと確認したうえで申し込んだほうがよいでしょう。

可能であれば、**春先の植え付け時期や秋の収穫時期**をねらうと、得るものも大きいです。

私が農業を始める前に体験で行ったネギ農家さんでは、時期が悪く、ひたすら**草取り**の作業ばかり。収穫するネギが残り少なかったため、肝心のネギを抜く作業は少ししかできませんでした。今考えると、草取りも立派な農業ではあるのですが……。

中期農業体験とは？

短期農業体験より、もう少し長い期間を希望する方におすすめです。

1か月間体験できるものもありますが、こちらは平日を使うことになります。まとまった時間の確保がむずかしいという方には、参加は少し厳しいですね。

ただ、農家さんも中期農業体験を行っているところはあまり多くはないです。農家さんも仕事で農業をされています。忙しいときは本当に寝る間を惜しんで農作業をすることもあるので、1か月という長さの体験プログラムを組むことはむずかしいですし、それを運営する人手もさけないのが現実です。

中期農業体験を実施している場所を122ページに挙げましたので、状況に応じて利用してみてください。

農業体験はどのような心がまえで参加する？

さて、農業体験の場はどうしたら有効活用できるか整理しましょう。

・自然のなかで仕事をする自分を確認しよう

自然＝リフレッシュの場ととらえることもありますが、ここでは**「自然のなかで仕事をする自分」**をイメージしてください。自然のなかに身をおいて心地よさや癒やしを感じるだけで終わらせてはいけません。ゆくゆくは**「畑」＝「仕事場」**になるわけです。

室内設備でいつも環境が整った職場とは違い、日が出て明るい時間もあれば、日が暮れ始めて暗くなる時間もあります。夏の暑い日もあれば、冬の寒い日もあります。

農業体験にできれば何回か足を運んで、自然のなかで働く自分をイメージしましょう。

・仕事としての農業を体感しよう

農業体験を通して、農家さんが実際にどういう手順で作業を進めているか、どのような農業機械を使っているか、**プロの仕事を間近でみることができます。**また、農家さんからアドバイスをもらいながら、自分で身体を動かして農作業もできます。

市民農園やレンタル農園で農業を経験し、加えて仕事としての農業を体感することによって、実際に自分が働く姿を強くイメージできるでしょう。

・移住生活を知ろう

移住先の候補地として農業体験をする方は、地元の農家さんや地域の人と会話しましょう。例えば、「買い物は？」「駅は？」「病院は？」などと、生活環境についていろいろと聞いてみてください。

もちろん「農業体験」なので、作業してから話を聞くことを忘れずに。

農家さんとの会話だけでなく、ほかの体験参加者と情報交換するのも参考になります。先々頼もしい仲間にもなりますし、農業を始めた際のはげみにもなります。

農業体験は「短期」と「中期」があります。いろいろな角度から情報を得ましょう。

中期農業体験ができる場所

1か月におよぶ中期の農業体験をやっている農家さんは少ないとお話ししましたが、中期農業体験プログラムや設備を備えている機関があります。ここでは2つ紹介します。

・「チャレンジ・ザ 農業体験・研修」

茨城県水戸市にある日本農業実践学園。こちらでは、「チャレンジ・ザ 農業体験・研修」として、1か月の中期農業体験を受け入れています。

宿泊施設もあるので、じっくり腰を落ち着けて農業を体験できます。

体験内容も野菜に限らず・稲作・酪農・畜産があります。

費用は、1か月で73000円（交通費のぞく）です。宿泊費・食費・研修費・保険料はこの金額に含まれており、1か月みっちり体験できることを考えると、リーズナブルな金額かと思います。最新の情報はホームページから確認してください。

ただ、やはり1か月まとまった時間を捻出するのはなかなかむずかしいようで、年間4～5人の受講実績のようです。

・「ふるさとワーキングホリデー」

総務省の「ふるさとワーキングホリデー」でも農業を数日から1か月、なかには1か月以上体験できるものもあります。

このサービスは農業に特化した内容でなく、地域でのさまざまな仕事体験のなかに、農業もあるというものです。

総務省のホームページから検索でき、アクセスするとそのまま各地域のホームページに飛ぶようになっています。

地域によってホームページの仕様が異なるため、注意が必要です。

また、農業体験の実施時期も地域によってさまざまです。タイミングが合い、自分に適した農業系の仕事体験がみつかれば、参加してみてください。

学べる場② 「週末農業アルバイト」とは?

役に立ちながら経験を積む「週末農業アルバイト」

農業体験は、どちらかというと農家さんに「教えていただく」というスタンスでしたね。ここではもうひとつ難易度を上げて、**アルバイトとして農業を経験する**という選択肢を紹介します。週末だけの農業アルバイトもあるので、平日に時間が取れないという方でもできます。

ただ、週末だけとはいえアルバイト。賃金をいただきつつ、農家さんの戦力として働くことになるため、雇い主と従業員というシビアな関係になります。「教えていただく」というよりは、**「役に立ちながら経験を積む」**という感覚でのぞむ必要があります。初心者がいきなりアルバイトとして働くのはむずかしいと思うので、体験農業を経てからアルバイトを経験するのでもよいかと思います。

お金をもらいながら、実際に現地で農業をするので一石二鳥ですが、仕事であるがゆえにいろいろと覚悟しておく点もあります。

まず、天気が悪いなど、**どんなに畑のコンディションがよくないときでも、仕事なので働かなければなりません**（農業なので当然といえば当然なのですが）。

また、平日忙しくしている人であれば、ゆいいつ身体を休められる土日をフルに活動するわけです。そうなるとかなりの体力が必要となります。そのあたりは自分の健康状態と体力に相談して判断してください。

特に50代の皆さん、働きざかりとはいえ無理は禁物です。

ご家族がいる方は、その理解も必要ですね。

事前に確認する点もいくつかあります。

お金が入るのでちょっとした副業にはなるのですが、**現在の勤め先が副業禁止かどうかを事前に確認してください**。もし、副業禁止の場合は、就業規則違反になり懲戒の対象になりかねません。くれぐれもご注意ください。

また、応募要項に「要普免」と書いてあるところがあります。これは運転免許が必要ということです。免許については、さらに細かい注意点があるので、１６８ページでくわしく解説します。

農業アルバイトはどう探す?

では、農業アルバイトに就くまでどのような手順を踏むかというと、

①求人情報の収集・しぼり込み
②電話やメールで確認
③実際に応募
④晴れて採用

このように、通常のアルバイトとあまり変わりません。「農業を仕事として経験する」目的が遂行できるよう、順番に説明します。

ステップ① 求人情報の収集・しぼり込み

まずは求人情報を集めます。求人サイトで「**希望の地域　農業　アルバイト**」など

のキーワードで検索すると探すことができます。

私が調べて求人数が比較的多かったのは、株式会社リクルートホールディングスが運営する**「Ｉｎｄｅｅｄ（インディード）」**でした。

また、農業専門の求人サイトも存在します。具体例を挙げると、株式会社ライフラボが運営する**「農業ジョブ（旧・第一次産業ネット）」**、株式会社アグリメディアが運営する**「あぐりナビ」**などがあります。

このほかに、各都道府県でも求人情報がありますが、比較的正社員の募集が多いので週末アルバイトを探すのには不向きです。また、ハローワークにも農業の求人情報がありますが、こちらも正社員の募集が多く、これまた違う気がします（正社員を経て新規就農をするケースもありますが、それについては１６３ページで説明します）。

あと、２章でもお伝えしたマルシェで、仲良くなった農家さんに直談判でアルバイトのお願いをしてみるのもひとつの方法ではあります。相手の顔がみえるという点で安心ですね。


さて、求人情報が集まったからといって安心してはいけません。ここからが大事な手順で、次のような条件で求人情報をさらにしぼり込みます。

- 自分がやりたい農業もしくは目指したい農業をやっている農家さんか
- 家から通える地域か
- 勤務時間や待遇（勤務開始時間・休憩時間・雇用保険、労災保険の有無）はどうか

これらは求人サイト内でしぼり込みが可能です。**学ぶためのアルバイトといっても、働く環境も大切です。**待遇についてもきちんとチェックしましょう。

ステップ②　電話やメールで確認

求人情報をしぼり込んだら、いよいよ農業法人（もしくは農家さん）に確認します。次の3つは電話やメールで必ず聞いておいたほうがよいでしょう。

「週末アルバイトは募集していますか？」

求人サイトで「週末」とあっても、週末アルバイトを募集しているか確認してみてください。最近だと、土日休みの週休2日、もしくは日曜休みの農業法人が増えていますが、時期によっては、土日休みと表記されていても実際にやっていることはあります。また、求人情報が更新されていないということもなきにしもあらずです。

「今の時期はどんな野菜を栽培されていますか?」

自分が作りたい野菜を栽培しているケースもあります。求人情報には出てない情報もあるので、確認してみてください。

「どんなお仕事をさせてもらえますか?」

戦力になるかもわからないのに図々しい質問……と思うかもしれませんが、これがかなり重要です。**「自分のやりたい農業が経験できるか」にかかわるからです。**

農家さんや農業法人の仕事は多岐にわたります。せっかく週末農業アルバイトに行っても、野菜の袋詰めやラベル貼り、配達だけ行う可能性もあります。

農家さんによっては、そういう仕事をあえてアルバイトに任せるところもあります。これだとなかなか農業を経験できません。仕事のひとつとして行うのは問題ありませんが、それがメインだと困るので事前に確認しておくことが必要です。

ステップ③　実際に応募

ここまで確認して納得いくようであれば応募してみてください。もちろん、応募してから採用不可ということもありますが、そこはめげずにどんどん応募です!

応募の際も、次のことに気をつけましょう。

・自分の要望だけ伝えない

「こういう作業をやってみたい」とか「こういう技術を身につけたい」など自分の要望だけを伝えるのは、雇用主に対して失礼です（草野球のチームに入った初心者が「ピッチャーで4番を打たせてください」と最初からいうようなものです……）。いったんどのような仕事をさせてもらえるか確認したら、その仕事のなかで経験を積むことを心がけましょう。

勤務を続けていくなかで、自分のプランと照らし合わせてゆくゆくは相談してみることがよいと思います。社会人経験で得たコミュニケーション力の活かしどころです。

・期間を決めて応募する

週末だけのアルバイトとはいえ、ダラダラと長期間続けるのはあまりおすすめしません。作物の栽培にかかわる仕事です。繁忙期・閑散期があるので、雇う側も期限を決めているかもしれませんが、**「いつまでやる」**と自分できちんと計画を決めたうえで応募しましょう。

例えば、夏の間はキュウリなどの夏野菜を扱う農家さんでアルバイトを経験。夏が終わったら、ビニールハウスを使って通年で栽培しているコマツナ農家さんでアルバイト。冬の手前にはダイコン農家さんで収穫のアルバイト。

このような具合に、自分が栽培したい品目の収穫時期に合わせて体験してみるのもよいかと思います。

複数の品目を栽培している農家さんであれば、同じ勤務場所でいくつもの品目を経験できるかもしれません。そこも最初の段階で確認できるとよい点ですね。

ステップ④　晴れて採用

採用されたら実際に働くための準備が必要です。最低限これだけはやりましょう。

・必要なものはなにかを確認してください

飲食店やファストフード店でのアルバイトの場合、制服が用意されていたり、食事がついていたりします。

農家さんでのアルバイトの場合、なにが必要になるかわからないからといって手ぶらで行くようなことは避けてください。**「どんな服装か」「長靴は必要か」「昼食は持っ**

て行ったほうがよいか」などは最低限確認しておきましょう。

農家さんは家庭的な経営をされているところが多いので、アルバイト用の長靴や手袋（農作業用の手袋は100円ショップでも手に入ります）の用意があったり、なかには食事も出してくれるところもありますが、確認したうえで行きましょう。

また、畑の場所によっては、近くにコンビニすらないところもあります。昼食などの買い物にはご注意ください。

・今回のアルバイトで自分がなにを得たいのかを整理してください

アルバイトを通して仕事内容がつかめたら、**自分で農業をするときの作業手順をイメージし、実際の作業でどのようなことを身につけたらよいか考えましょう。**

アルバイト先でいわれたことだけやるのだったら、それはただの労働力の提供です。それであれば、家でゆっくり休んで平日の仕事や活動に備えたほうがよいです。

例えば、あなたがタマネギ農家さんで収穫作業のアルバイトをしたとしましょう。

「収穫はどのように行うか」

「大きさの違うタマネギはどのように選別するか」

「収穫したあとのタマネギはどうするか」

「出荷するまでの期間や出荷の方法は」

このように、収穫ひとつとってもさまざまな工程があり、学ぶことはたくさんあります。社会人経験の豊富な皆さんであればこそ、仕事における事前のイメージ構築がいかに大切かおわかりかと思います。

また、現場では**「きちんとメモをすること」**を心がけましょう。小さいメモ帳とペンをポケットに入れ、いわれたこと、気づいたこと、作業内容をメモし、家に帰ってからノートやパソコンにつけ直してまとめます。

ちなみにある農家さんで58歳からパートタイムで働いている方は、1年間毎日メモをしたら、まとめたノートが4冊になったそうです。勤務時間がわずかななかで、そこまで熱心に記録されていたことに驚きました。学ぶことはみつけようと思えばいくらでもあるのです。そういった姿勢も大事ですね。

・いきなり無理をしないでください

ふだんデスクワークや屋内での仕事がほとんどだという方は、屋外の仕事に慣れるまで時間がかかります。特に作業工程が十分把握できていないまま、いきなりトップギアで作業するのは危険です。

ましてや50代の方なら、同じ時期に入った20代のアルバイトさんと競い合うなんてもってのほか。**自分のできる範囲のなかで、徐々に慣れていきましょう。**

頑張りすぎて翌日から行くのがイヤになると、農業への気持ちも失せてしまいます。

・たくさん話をしてください

生の情報を得られるせっかくの機会です。**働きながら、農家さんやスタッフさんと話をしてください。**作物のこと、技術のこと、地域のこと、農業を始めた動機、農業の楽しさや大変さなど、鮮度の高い情報交換をすることでのあらたな気づきがあるかもしれません。そして何度もいいますが、ここでもすかさずメモ・メモ・メモです（笑）。

週末農業アルバイトでは、雇用関係のなかで農業を学べます。

学べる場③「農業ボランティア」とは?

手助けしながら経験を積む「農業ボランティア」

1章でもお伝えしたように、農業は慢性的に人手不足です。繁忙期・閑散期があるので通年で人材を確保しておくことがむずかしい業界です。どの農家さんにとっても、収穫などの多忙な時期の人手不足は悩みの〝タネ〟です(農家さんだけに……)。

そんな人手不足で困っている農家さんへ、ボランティアとして農作業を行うのが**「農業ボランティア」**です。

農業ボランティアのメリットは多方面におよびます。

農家さんにとっては、人手不足の解消。農業を始めようとする初心者の皆さんにとっては、技術・知識の習得。そして地域にとっては、活性化や交流促進のチャンス。地域にとっても、その地域について実際に知ってもらうことは願ってもないことなのです。

ただ、当事者である初心者の皆さんにとってはデメリットもあります。

農業ボランティアは労働力の提供だけなので、**アルバイトのようにお給料はもらえません。**よって、勤め先の企業に副業申請する必要もないのですが、企業によってはボランティアに参加するうえで規定を設けているところがあります。その点は要確認です。

農業ボランティアは、繁忙期に数週間から数か月間行う「長期型」と、週末や長期休みに行う「短期型」の2つがあります。

長期型の場合は、作業の始めから終わりまでひと通りの経験ができますが、なかなか時間をさくのはむずかしいので自分の都合と体力と相談して決めてください。

参加期間によって経験できる作業に違いはありますが、そこは先々のスケジュールと目的と照らし合わせて選択しましょう。

農業ボランティアはどう探す？

農業ボランティアの探し方はいろいろとありますが、各地域の自治体で管理しているものがあります。

まずは、自分の住んでいる地域や農業をしたいと思っている地域を選択し、**「○○県農業ボランティア」「○○市農業ボランティア」**とインターネットで検索してみてください。各都道府県・各市町村の自治体による農業ボランティアを紹介するウェブページがヒットするので、そこで情報を取得します。


注意点としては、地域によってホームページの仕様が違うのと、情報がたくさんあり取捨選択がむずかしく、検索もスムーズにいかない場合があります。また、自治体によっては更新がされずに古い情報のままだったりします。

さらに申請方法も煩雑で、定められた様式の申込書に記入します。

例えば「援農ボランティア事業実施要綱」といった確認事項を読んだうえで「研修申込書」といった申込書を提出し、自分の希望に合った農家さんを紹介されるという、少し面倒な手続きが必要になります。

また、**自由に選べるわけではないので、本当に自分の希望に合っているのか、自分のやりたい作業かどうかはマッチング次第**です。

関東の方におすすめのウェブサイトは**「とうきょう援農ボランティア」**です。会員登録をしてサイト内で農業ボランティア募集の情報を探し、そこから自分の希望のボランティア先を選び応募します。応募後は、先方から当日の集合先の連絡が来るので、準備をしたうえでそこに行くだけです。

まずはホームページをチェックしてみてください。サイト内には初心者の皆さん向けに農業ボランティアの内容について動画で説明しています。こちらをみるだけで心がまえや持ち物などわかりやすく説明されています。

関西地域の方向けには、大阪府泉佐野市の運営団体・一般社団法人農labоファクトリーが運営する**「農～labo泉州」**というウェブサイトがあります。高校生・大学生・社会人とさまざまな年代の方向けに農業ボランティアの情報を提供しています。女性の参加者も多く、毎週通われる方や2週間に1回通われる方など、自分に合ったペースで参加されているようです。

こちらはホームページの「援農ボランティア参加申込」から申し込むだけです。アットホームなコミュニティーのなかで農業を体験することができます。

「No Pay」ならぬ「農ペイ」の気持ちでのぞもう

前述のように、農業ボランティアは賃金の発生しない、いわば**「No Pay」**です。しかし視点を変えれば、無償で労働力を提供しているわけなので、週末農業アルバイトよりも**農業にかかわる技術や知識についての質問がしやすい**とも考えられます。農業技術や農業知識を、労働の対価である**「農ペイ」**ととらえられるのです。農作業をするかわりに、農家さんにはたくさん教えてもらって「農ペイ」を支払っていただく。そして、しっかり吸収するためにすかさずここでもメモ・メモ・メモです（笑）。


また、農業アルバイトに比べて農業ボランティアでは、

「技術・知識習得のためにこういう作業をさせていただきたい」

「○○について教えていただけますか？」

というように、こちらの要望を伝えることも比較的できます。

ただし、いきなりボランティア初日に、農家さんに要望を伝えるのは失礼です。

何度か通うなかで農家さんとの信頼関係を築けば、要望を受け入れてくれやすいと思います。

そして当然のことながら、農業ボランティアとはいえ、農作業には真剣に取り組まなければなりません。

なぜなら農家さんは、「少しでも農業を体験してもらいたい」という気持ちから、単に労働力の確保だけでなく、本来なら自分でやったほうが効率よく正確にできる作業をボランティアの皆さんに優先しておまかせするからです。

そして、栽培する作物は、**初心者のための体験用のものではなく、実際に出荷予定がある、つまり農家さんの経営に直結する商品**なのです。

だからこそ、作業は慎重に、作物は大切に扱い、初心者なりにボランティアに真剣に向き合う姿勢が必要です。

大切なのは、**農家さんとボランティア、おたがいの関係が「ｗｉｎ・ｗｉｎ（ウィンウィン）」になること**です。何度かお手伝いするなかで信頼関係ができてから、「農ペイ」していただくようにしましょう。

あと、農家さんは、皆さんにとって実りのある作業をしてもらうために、前日に収穫したほうがよい作物を収穫せずにあえて残し、作業の段取りを考え、準備をしてくれていることもあります。ですから、**直前にキャンセルするようなことは絶対にダメです。**

「メモしなさい」「直前のキャンセルはいけません」と、まるで新入社員に言い聞かせるようなことばかり申し上げてしまいましたが、これは農業ボランティアに限った話ではありません。農業体験や週末農業アルバイトでも同じです。

とはいえ、年齢的にも無理はいけません。腰やら膝やらが痛いな、明日作業できるかな、と不安に思ったら、早めに農家さんに相談してください。

ボランティアとして農業を経験することができます。「農ペイ」の精神でのぞみましょう。

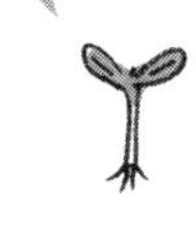

学べる場④ 「農業インターンシップ」とは？

50代も参加できる「農業インターンシップ」

インターンシップというと、大学生が就職前に行う就業体験を思い浮かべる方が多いでしょう。就業体験を通して、大学生はこの仕事が自分に向いているか、ここで働きたいか検討し、企業は学生の能力や適性を見極めます。

実は、農業にも**「農業インターンシップ」**があるのです。

名前の通り、農業法人や農家さんで就業体験ができる制度です。

実際に働く従業員の方といっしょに農作業をすることで、農業で働くというリアルなイメージや、農業に対する自分の適性を確認できます。

この対象は学生に限らず、社会人も含まれています。

左ページに概要をまとめたので参照してください。

この農業インターンシップは農林水産省の補助事業で、新規就農者の増加を目的と

〈農業インターンシップ　概要〉

■ 一般体験コース

対象：学生・社会人

期間：連続した2日以上6週間（42日間）以内　※1日のみは不可

宿泊施設：あり　※宿泊が困難な場合は体験者、受け入れ先合意のうえ通いも可能

■ 社会人週末体験コース

対象：社会人のみ

期間：連続した2日以上の休日を複数回組み合わせて行う就業体験
体験初日から最終日までの期間は原則2か月以内　※1日のみは不可

宿泊施設：あり　※宿泊が困難な場合は体験者、受け入れ先合意のうえ通いも可能

■ 募集要件

対象：農業法人への就業を希望する方、農業に関心のある方
満16歳以上　健康体で農作業ができる体力のある方
農業インターンシップの目的とルールを守ることができる方

■ 実施要領

体験期間：連続した2日以上6週間以内
体験時間は原則1日8時間1週40時間以内、休日は1週に2日以内を目安

参加費用：無料（食費・宿泊費・傷害保険料含む）※現地までの往復交通費は自己負担

＊内容については変更する可能性があります。

しています。つまり、**国も新規就農者を支援しているというわけです。**

年間約1000人もの新規就農希望者が参加し、運営そのものは**日本農業法人協会**が行っています（2023年度時点）。ちなみに日本農業法人協会とは、農業を営む法人の経営確立・発展のための活動を行う公益社団法人のことです。

農業インターンシップでできることは？

農業インターンシップは、自分に合ったスケジュールで自分の希望の地域（受け入れ先は全国で約300か所）を選択できます。報酬はありませんが、参加費無料という点もお得です。

体験できる作業としては、稲作や野菜の栽培だけでなく、果物・お花・キノコの収穫作業や農作業全般、さらには酪農や食用肉（牛・豚・鶏）など畜産もあります。応募時には申込書の提出が必要です。細かく記入する項目があり、

- 服や靴のサイズ（作業服や長靴を貸してくれる場合があります）
- 希望地域、希望農業法人、作物の種類（**露地野菜・施設野菜・稲作**など）

・これまでの農業経験の有無
・インターンシップを希望する理由

と少々面倒ではありますが、受け入れ先は申込書をみて受け入れできるかどうかを決定しますので、しっかり記入して自分の思いを伝えましょう。

農業経験がまったくなくとも体験できますが、経験がない人にとっては「どこで体験したいのか」そもそもイメージができない場合もあると思います。

そのようなときは、**事前に運営事務局のスタッフに相談してみるとよいでしょう。**

これまでたくさんの体験希望者をあっせんしてきた経験から、申込者の希望を聞きながらどのような体験がどこでできるか、アドバイスしてもらえると思います。

また、先ほどの概要にもあった応募の条件や、実際に行っている作業内容についての詳細について確認することもできます。

ときには、農作業以外の仕事を依頼されるところもあるので事前に聞いておいたほうがよいかもしれません。

どうすれば効果的に利用できる?

農業インターンシップは、就職先探しや農業体験を希望する大学生が利用するケースが多いですが、体験期間が「2日間から」と以前より短くなったこともあり、最近では社会人の方の利用も増えています。

土日の2日間から体験できるようになったので、なかには毎週異なる受け入れ先で農業体験を行う人もいます。

申し込む前には、**なにを体験するのか明確な目的を持って、利用時期を決めたほうがよいです。** 例えば、

- **種まきや苗を植える体験ができる定植時期**
- **さまざまな管理作業を体験できる作物の成長期**
- **収穫を体験できる収穫時期**

というように、時期によって体験できることが変わります。

時期をずらして同じ場所で何度か体験するなど、ひとつの作物の収穫までの一連の

流れを体験してみる、というのも得るものが大きいと思います。

また、就業体験という言葉通り、**農業インターンシップを就職先候補として利用する**のも手です。農業法人との相性や仕事の進め方などが肌でわかるので、働くことへの不安も解消され、実際に採用につながることもあります。

ここまで紹介した「学べる場」をまとめると以下の通りです。今の自分の状況や農業に対する気持ちと合わせて利用してみてください。

就業体験として農作業ができます。そのまま就職できるケースもあります。

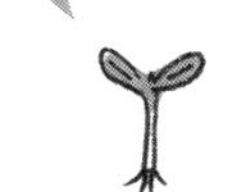

初心者がプロから学べる４つの場所

学べる場① 農業体験	学べる場② 週末農業アルバイト
先生と生徒の関係で学べる	役に立ちながら経験を積む
☞117ページ	☞124ページ
学べる場③ 農業ボランティア	**学べる場④ 農業インターンシップ**
手助けしながら経験を積む	就業体験として経験を積む
☞135ページ	☞142ページ

農業体験を一度経験しておくと利用しやすい。

もっと実践的な知識を学べるところはありますか？

本格的な農業を学ぶなら「農業研修」

ここまで、初心者が比較的始めやすいものを中心に紹介しました。農業を先々仕事にするともう決めている、時間にも余裕があり、より実践的な知識を学びたい。そんな方には**「農業研修」**という方法もあります。

農業研修とは、実際に農家さんもしくは農業法人で実践的な農業を学ぶことです。農家さんや農業法人の従業員といっしょに農作業を行うので、いろいろな知識や技術が身につきます。どんな作業をするかというと、

・**播種（はしゅ）（種まきのことです）**

作物の種から苗を育てたり、植え付けをする工程を通しで実際に経験できます。

・手入れ

育成のプロセスごとに必要な手入れは変わります。栽培するうえで必要のない不要な芽を取りのぞく**「芽かき」**や、作物の根が露出するのを防ぐために土を寄せて盛る**「土寄せ」**などを、どのようなタイミングで行えばよいかがわかります。

・収穫から出荷

収穫期には、収穫方法のみならず、どのように効率的に収穫するか、収穫したものをどのように保管して、どこに出荷するかをトータルで学べます。さらに、自分の手で収穫した作物を、納品先に運んだり、梱包して送ったりする作業まで経験できます。

このように、体験よりも期間が長いので、時期や作物の成長に合わせて経験を積めます。**この先本格的に農業を仕事にしようと思っている人にとっては、最短ルートで農業技術・知識を身につけられます。**農業研修の種類は大きく3通りあり、

①給料が出るケース

社員・アルバイトほどではありませんが、給料が出るところもあります。

②給料が出ないケース

給料は出ませんが、労働の対価として農業法人や農家さんが技術・知識を教えてくれます。農業ボランティアの「農ペイ」に近いですね。

③研修生が負担するケース

かなり研修色が強いところだと、研修生が多少の研修費用を負担するケースもあります。

いずれも多少の違いはあるものの、農業法人・農家さんは農業技術・知識を教えるかわりに、研修生に労働力の提供をしてもらうという関係で成り立っています。

農業研修で注意することは？

農業研修を受けるにあたっての注意点ですが、**研修先を決める前にまずは農業体験をしましょう。できれば1か所でなく、いくつも体験してみることをおすすめします。**

この理由はあとで述べますが、まず体験先の場所（ゆくゆくは研修先候補）を決める際に大切なのは、**「どこの地域で農業をやりたいか」**です。先々の就農先をイメージし、そこに近い地域で体験先（研修先候補）を検討したほうがよいでしょう。これは実際に就農した場所が研修先に近いと、農業を始めてわからないことや困ったことがあったりした場合などに、すぐ相談できる相手が近くにいることになるからです。

そして研修先候補として体験先を選ぶにあたっては、**「研修生を募集しているところを選ぶ」**ということも重要です。

体験先が自分の目指す農業や、研修をする場として自分に合っていると思っても、研修生を募集していないことには研修を受けられません。

ただ、募集していなくても採用してくれるケースもあります。「将来、農業をやるために研修先を探しているので体験させてください」と目的を明確に伝え、お願いしてみましょう。

農業研修の期間は、**最低でも1年で、だいたい2年**といわれています。かなり長い期間になるので、自分に合った研修先を事前に確認する必要があります。

「研修を実際に受ける前にまずは農業体験する」ことの大きな理由はそこです。

就労環境やそこで働く人との相性をみるという意味でも、いくつか体験しておいたほうがよいでしょう。

また、体験しながら研修先でどんなことが学べるかも確認できます。

さらに、**先輩の研修生が卒業後どうしているかを確認してみてください。**

研修先が就農先として考えている地域に近ければ、近い将来あなたがどういう状態になるか、最終ゴールの目安にもなるからです。

研修先にもよりますが、なかには地域の人との交流を積極的に手助けしてくれたり、農地の紹介をしてくれたりするケースもあります。

ただ、そういった後押しを受けるには、皆さんの農業に向かう姿勢や熱意があってのことです。研修だからといって、**「教えてもらう」という受け身の姿勢で行かず、「働いて農業を学ぶ」という積極的な姿勢でのぞむこと**が大切です。

研修生を募集している農家さんや農業法人で、本格的な農業を学ぶことができます。

体験とか研修とかではなく、学校みたいに学べるところはありますか？

自分に合った学び方が選べる「農業の学校」

目的に応じたいくつかの農業の学校があります。大きくは、**①国が運営している学校** **②民間で運営し国が認可している学校** **③民間が独自で運営しているもの**の3つに分けられます。

①農業大学校

農業大学校とは、都道府県が設置する農業者の育成機関です。稲作、畑作、畜産など農業について実践的に勉強ができる学校です。全国42都道府県に設置されています。奈良県の「なら食と農の魅力創造国際大学校」などのように、○○県農業大学校という名称でないところもあるので要注意です。

以前は、農業高校や高校を卒業した人向けの2年間のコースと、一般社会人向けの1年間のコースの2つでしたが、今は**「養成課程」「研究課程」「研修課程」**と3つの学習過程に分かれ、年齢制限もなくなっています。左ページに研修内容を載せましたが、地域によっても運営が異なるので、詳細は直接連絡して確認してください。

養成課程・研究課程は、全体的に少子化の影響からどこも定員割れの傾向です。その結果、社会人を積極的に取り込む方向になっています。

農業大学校のメリットとしては、

- 実習体験を行うため、初心者でも作物の栽培から土作りなど、基本的な知識をひと通り習得できる
- 実習を通して、実際の農家さんや農業関係者と関係が構築できる
- さまざまな作物の栽培方法を学ぶので、自分がなにを作りたいか決まってない人は自分が栽培したい作物をみつけることができる
- 後述の②、③よりは、公立の学校なので学費が比較的安い

といった点が考えられます。

〈農業大学校　研修内容〉

養成課程

対象者：高校卒業程度の学力を有する方

履修時間：２年間（2400 時間）

教科：分野に応じた専門課程（稲・野菜・果樹・花き・酪農・畜産）

特徴：独立して農業を始められる農業全般の知識・技術は身につく

研究課程

対象者：養成課程卒業者・短大卒業者

履修時間：２年間（2400 時間）

教科：分野に応じた専門課程（稲・野菜・果樹・花き・酪農・畜産）

特徴：養成課程で学んだ学習内容をさらに深め高度な農業技術や経営能力を養成

研修課程（以前の社会人一般コース）

対象者：技術・知識の向上を目指す農業者や就農を希望する方

履修時間：１年以内（コースにより異なる）

教科：各分野でコースが設置（農業体験・農業技術・機械操作・経営）

特徴：期間が１年と短く社会人の受講が多い

※最近ではハローワークの職業訓練に組み込まれているケースも。その場合は受講料（一部自己負担あり）も無料になり、失業給付を受けながらの受講が可。ただし、こちらも実施している県とそうでない県とさまざまなので必ず確認をしてください。

＊内容については変更する可能性があります。

また、当然デメリットもあり、

- さまざまな作物の知識・技術も習得するので、自分の希望する作物だけというわけにはいかない
- 農地のあっせんは農業大学校では行っていないため、農業を始めるときは自身で農地を探す必要がある
- どのコースにも入学試験がある。基本は筆記試験と面接だが、募集要項や試験日程などは各都道府県によって違う

などが挙げられます。社会人は1年間の研修課程に参加される方が多いようですが、条件が合えば養成課程や研修過程を受けることもできます。養成課程や研究課程には若い方が多いので、我々昭和シニアは少々気後れしてしまうかもしれませんね。

②民間が運営し国が認可している専門学校

日本農業実践学園

民間の運営機関によってさまざまですが、「日本農業実践学園」や「八ヶ岳中央農業実践大学校」の私立の農業大学校がそれにあたります。ここでは一例として茨城県の

専修学校「日本農業実践学園」を紹介します。

コースは高校卒業生対象の**「農業専門士科」**と大学卒業生・社会人対象の**「農業実践力養成科」**の２つ。読者の皆さんはかなり前に高校生を通りすぎている方が大半かと思いますので、「農業実践力養成科」になります。

学習期間は1年間です。自分の学びたい専攻を選択し、座学から実践、農家研修などみっちり農業を勉強します。通学と寮生活、どちらも選択可能です。なお、選考は書類審査と面接で、筆記試験はありません。費用は入学金・学費（31万４０００円）と、寮に入る人は寮費（75万６０００円 ※食費含む）が必要になります。変更する可能性もあるので最新の情報を確認してください。

仕事や生活との兼ね合いも考えながら、通学にするか、入寮にするかの選択が必要です。どちらのスタイルでも**1年間で本格的な農業技術・知識を取得できるので農業をすぐに始めたいという方には向いているかもしれません。**

こちらの学校は、50歳以上の就農に力を入れ、卒業後に自立できるよう手厚くフォローしているそうです。実際に最近でも、50歳以上の方が３人独立し、農業に取り組まれている実績があります。

③民間が運営している農業専門学校

アグリイノベーション大学校

仕事を続けながら週末に通える民間の専門学校もあります。

ここでは一例として「アグリイノベーション大学校」（株式会社マイファーム）を紹介します。

関東と関西で展開している農業専門学校で、就農希望者・農業を勉強したい社会人向けに農業技術・知識を習得するプログラムを提供しています。

さまざまな目的に応じて4つの受講コースがあり（左ページを参照）、

- **農業になんとなく興味を持っている方**
- **いつかは農業を仕事にしたいと思っている方**
- **すぐにスキルアップしたい方**

といったように、受講者層や受講目的もさまざまです。

講師は現役の農家さんで、**有機農法**から**慣行農法**（化学肥料を使い大量に生産する従来通りの農法）まで学べ、マルシェでの実体験や農業経営も学べます。

受講人数には定員があります。①②に比べて料金はやや高めですが、**今の自分の生**

〈アグリイノベーション大学校　コース内容〉

アグリビジネスコース
（技術と経営を総合的に学びさらに高みを目指すコース）

受講内容：農場実習・農業技術講義・農業経営講義・オンラインサロン・ゼミナール

受講費用：92 万 5430 円（税込）

アグリスタンダードコース
（技術と経営を総合的に学ぶメインプログラム）

受講内容：農場実習・農業技術講義・農業経営講義・オンラインサロン

受講費用：76 万 430 円（税込）

アグリチャレンジコース
（農業技術講義と農業実習のみのライトなコース）

受講内容：農場実習・農業技術講義

受講費用：48 万 7630 円（税込）

オンライン受講課程
（座学プログラムをオンラインで受講）

受講内容：農業技術講義・農業経営講義　※農業実習はオプションで受講可

受講費用：41 万 2830 円（税込）

＊内容については変更する可能性があります。

活や使える時間を大事にしつつ、幅広く学びたいという方におすすめです。平日時間がなかなか作れない方でも、土日を使って、農業実習、農業技術に加え農業経営も学べます。50代以上の受講生が多いのも特徴です。

また、こちらの学校の受講者は、週末農業を経験した方が多いようです。週末農業で実際に経験したのち、まだイメージが固まらない、という方もいると思います。**学校に通うことで、農業を仕事にする動機をみつけたという声もあるので、農業を広く学びながら、自分の進路を検討するのにも向いているでしょう。**

希望すれば卒業後の販路紹介や、農地の紹介まで用意されているのも便利な点です。

知識や技術は自分のペースで身につけよう

ここまでプロに学ぶ方法を紹介してきましたが、**知識や技術を身につける方法に順番はありません。**

ここから先の進め方は、個々の農業技術・農業知識の習熟度や、生活スタイルに合わせて選択してください。

例えば、仕事やふだんの生活と並行しながらやるのか。

農業に集中できる環境があるのか。

時間的に余裕がある、就農はまだまだ先と考えている（私も含め、20代・30代と比較すると、50代以上の方には残された時間はあまりありませんね）という方は、学校に通い、学んだことを研修で振り返るのもよいでしょう。逆に、研修で実践を経験してから、その内容を学校で理論的に振り返ることもできると思います。

できるだけ早めに農業を始めたいという方は、1年間みっちり農業研修を受ける、もしくは寮に入るという選択肢もあると思います。

農業に関する知識や技術の身につけ方の例

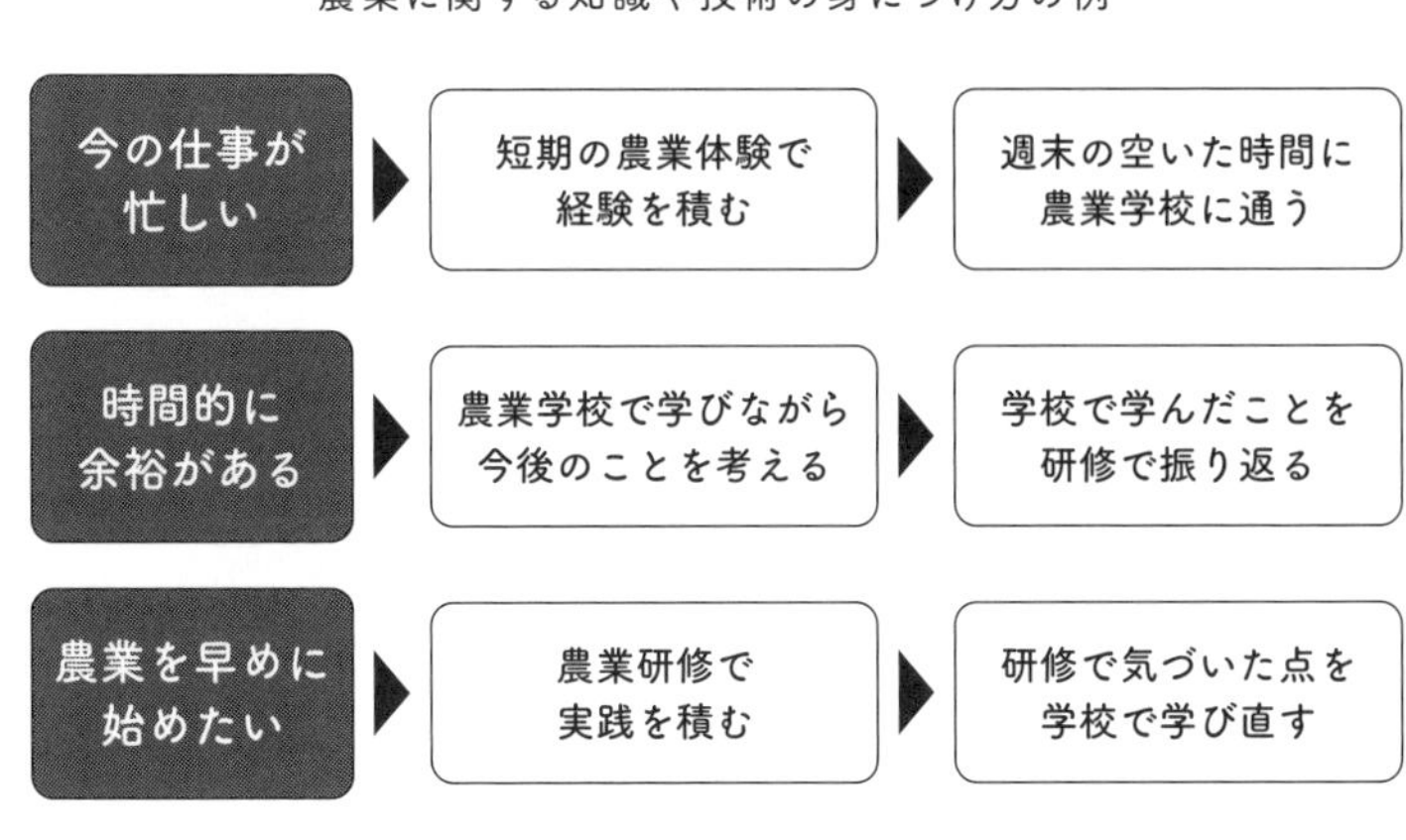

このように知識と技術の取得に順番はありません。自分のペースで進めてください。

さて、知識と技術のほかにも必要なものがあると100ページでお伝えしましたね。「農地」と「資金」です。

自分のペースで学べる知識や技術と違い、農地の取得はいつになるかわからない面があります。また、資金も計画的に貯めていかなければなりません。

そのあたりも後々解説しますので、理解したうえで自分なりの就農スケジュールを立てましょう。

目的に応じて数種類の学校が用意されています。自分の状況に合わせて利用しましょう。

先々本格的に独立して農業を考えています。学校に通う以外どんな方法がありますか？

独立なら「就職」も手段のひとつ

ここまで、農業体験・週末農業アルバイト・農業ボランティア・農業インターンシップ・農業研修・農業学校と紹介しましたが、さらに本格的に目の前の就農にリーチをかける方法があります。

2章でも少し触れた、農業研修をさらにバージョンアップさせた、**「農業法人や農家さんへの就職」**という方法です。雇用形態はアルバイトでも正社員でもかまいません。今の生活を農業一本にしぼり、1年間もしくは2年間で独り立ち（新規・独立自営就農ですね）を目指します。

ここで大切なのは、アルバイトと同様、**勤務先の選び方**です。もう一度おさらいの意味でいっしょにチェックしていきましょう。

・最終的になにが身につけられるか

この段階では、「やみくもに農業体験ができればよい」わけではないので、自分の目指す農業において、技術・知識に加え、どのような経験が必要かを考えてください。それが得られる農家さん、農業法人を選ぶ必要があります。

・独立後のゴールはどうなっているのか

1年間もしくは2年間勤務したあとどうするか、**独立したときのイメージを明確に持てるようにしましょう。**

自分の就農地は決まっているか？

栽培する作物は決まっているか？

販路は確保もしくはめどが立っているか？

どのくらいの収益が見込めそうか？

技術的なことや経験もさることながら、具体的に考えることはたくさんあります。そしてそのどれもが、勤務期間中に並行して形にしていく必要があります。知識・技術の習得に加え、経営に必要なものをそろえます。

独立初年度からガッツリ稼ぐガチな経営を目指すなら必須です。

41ページで紹介した**「生き方としての農業」**を目指すのであれば、**住居の確保やその地域への溶け込み方も考える必要があります。**

余談ですが、ひとつの農家さんで学べることは限られてしまいます。より多くの経験を積めるよう、勤務先の農家さんに紹介してもらい、休日にほかの農家さんで働かせてもらって農業を勉強する方もなかにはいます。

・勤務地は自分の就農希望地と近いか

先にも述べましたが、自分が農業を始めたい場所と近いことはとても重要です。なるべく希望地と近い場所で働くとなにかと便利です。

勤務先の農家さんや農業法人の方が、その地域の**耕作放棄地**や先々空きそうな農地を紹介してくれることもあります。当然その農家さん・農業法人のある地域内での紹介が多いと思います。就農したい土地がまったく別の地域にあるなら、せっかくの紹介も無駄になりますよね。

また、勤務しているときから、その地域の方と交流ができれば、自分が独立したと

きの応援団も多いと思います（地域にしてみれば、自分たちの地域で農業をやる仲間が増えることはとてもうれしいことなんです）。

・**勤務先の栽培作物、経営方針やビジョンは自分の思いと一致するか**

「自分がやりたい農業」に近い農家さんや農業法人で働くほうが、独立のために得るものも大きいです。就職前に必ず確認してください。

確認する点はいくつかあります。

まずは、**自分の作りたい作物と同じものを栽培しているか。**

ここは絶対にゆずれないところです。訪問したときに栽培している作物だけでなく、今栽培している作物が終わったらなにを栽培するかも聞きましょう。

次に、**経営方針やビジョンは共感できるか。**

農業法人は経営理念をかかげています。その会社が社会に対してなにを約束しているか、農業をやるうえでなにを大切にしているか、従業員といっしょにどういう方向を目指すか。それらに共感できるかはかなり重要なことです。

質のよい野菜を作っていても、儲け至上主義だったり、地域社会に貢献してなかったりでは、そこで働いても苦しいだけになるかもしれません。

なかには経営理念を明確にしていない農業法人や農家さんもありますが、ぜひ経営者の方と話して、なにを目指しているか確認してみるとよいでしょう。

また、会社勤めで疲れ、人間関係で悩むのはもうたくさん、という方も少なくないと思います。第2のステージとして選ぶ職場は、働きやすい環境にしたいものです。農家さんも農業法人も、人に対しては非常に優しく、雰囲気がよいところが多い印象ですが、なかには自分と合わないところもあります。社会人経験の豊富な皆さんなら、そのあたりは目が肥えていると思うので、自分の目でみて判断しましょう。

・独立支援制度があるか、または独立を応援しているか

どんな会社でも入社した人には長く勤めてほしいと思って採用します。最初から数年で辞めるつもりの人を採用する企業はあまりありません。

しかし、農業の場合は、**独立支援制度**を用意している農業法人や、独立を応援する農家さんがあります。

農業研修の項目でもお伝えしましたが、**就職の場合も独立支援があるかどうか、独**

立するために働きたい旨を採用時にははっきり伝えてください。

もし独立を支援しない農業法人や農家さんなら、採用を断られると思います。大切なのは、先々の希望を伝え、おたがい同意したうえで雇用契約を結ぶことです。

また、独立支援制度のある農業法人の場合、どんな支援内容なのか確認することも大事ですね。トラブルにならないよう、事前にきちんと確認をしてくださいね。

・**運転免許**

アルバイトの項目でも少し触れましたが、最後にとても大切なことをお伝えします。応募要項に「要普免」とあるのは、運転免許が必要ということですが、さらに気をつけなければならないのは、要普免のあとにくる**「AT(オートマ)車限定不可」**という表記です。

これは、運転免許をAT車に限定した方は、採用不可ということを指します。つまり、MT(マニュアル)車の運転免許を保有していないといけません。

その場合は、AT車の限定を解除する必要があります。ちなみに解除には、教習所で教習を4回受けて卒業検定に合格する必要があります。費用はおおよそ3万〜6万円程度です。これだけ聞いても面倒な感じがしますよね。

なぜ農家さんや農業法人は、AT車限定免許ではいけないのかというと、畑の周辺には舗装されてない道路が多く、ぬかるみや起伏の激しい悪路を運転しなければなりません。そう考えると、馬力のあるMT車がよいのです。

ただ、最近は若い人を中心にAT車限定免許が多く（施行されたのは1991年なので、50代の方も多いでしょう）、それでもOKというところも増えました。

ちなみにAT車限定免許でMT車を運転した場合、7000円の反則金となることもありますのでご注意ください。

農業では車を使う場面が多いので、そもそもペーパードライバーという方はもう一度教習所に行かれたほうがよいかもしれません。

本気で独立を考えているなら農業法人の就職も視野に入れましょう。独立後のことを考え、就職先をしっかりと見定めます。

どこに相談に行けばよいですか?

まず、相談に行くのはいつがよい?

ここまで「自分のやりたい農業」を固めるために、そのさまざまなプロセスを解説しました。

農業体験や情報収集のしかた、それらを通した「自分のやりたい農業」のイメージの作り方、知識・技術の習得についての方法――知識を吸収し、週末農業も体験、研修もしたと仮定して、いよいよ自分の足で相談に行くステップに入ります。

2章でもお伝えしたように、初心者の相談コーナーのあるイベントなどに、いちばんはじめに行くのもひとつの方法ではあります。

しかし、**今までのプロセスを経てから相談したほうが、質問したい内容も自分のなかで整理されていますし、相手から質問される内容にも明確に受け答えできます。**

次のステップをどうするかが、しっかり検討もできると思います。

ここからは、「自分のやりたい農業」（つまり新規・独立自営就農ですね）を実現するため、実際に利用できる相談窓口や、相談方法を紹介します。

相談窓口はどんなところ？

新規就農のための相談窓口は、知られていないだけで実はいくつかあります。

ここからは専門用語が多数出てきますが、都度説明を入れますね。

相談窓口① 全国新規就農相談センター

全国新規就農相談センターは、**一般社団法人全国農業会議所**内にあり、新規就農に関するさまざまな支援活動を行っています。相談窓口は平日10〜17時に開設（ホームページから予約制）され、ベテラン相談員が相談に乗ってくれます。

「全国農業会議所」と、いきなり聞き慣れない名称が出てきたかと思います。

全国農業会議所は、**農業委員会法**にもとづいて農林水産大臣から指定を受けた一般社団法人のことです。これだけでは「？」ですよね。

皆さんに関係する部分でいうと、農地に関する情報提供や、農業経営者、皆さんのようにあたらしく農業を始めたい新規就農希望者の支援とあります。

いわば、**あたらしく農業を始めたい皆さんにとっての応援団のようなもの**とお考えください。

実際に寄せられる相談内容は「農業に興味があるけど、どうしたらよいかわからない」「なにから始めたらよいか」などさまざまで、新規就農のいろはの相談が多いようです。いずれかの都道府県に特化しているわけではないので、全国規模で情報を提供してもらえます。

「東京までいけない！」という方のために、メール・オンライン・電話での相談も受け付けています。自身の都合に合わせ、うまく活用してください。

また、**「農業をはじめる.ＪＰ」**は、農林水産省の補助事業として全国農業会議所がこれから農業を始める方向けに発信しているポータルサイトです。これから農業を始めようとする方には非常にわかりやすい内容なので、参考にしてください。

相談窓口② 都道府県の相談窓口

都道府県にも相談窓口はあります。具体的に挙げると**農業担当者部署（農政課・就農相談センター）**ですが、そのほかに**都道府県農業会議（就農支援センター）**という組織があります。

都道府県によっても違いがあり、農業担当者部署が相談窓口になっているケースもあれば、都道府県農業会議が窓口のケースもあります。

窓口の場所は、県庁や行政機関の建物内にあります。こちらもベテランの相談員が相談者の状況に応じて、次のような相談に乗ってくれます。

- ○○県で農業を始めるにはどうしたらよいかの相談
- ○○県の新規就農に関する支援策の相談
- ○○県で農業をする場合の農地の取得の相談
- ○○県で農業を行ううえでの作物に関する相談

みておわかりの通り、頭に必ず**「〇〇県」で農業をする**という縛りがついています。都道府県の相談窓口の目的は、その地域で農業に携わってもらうこと。ですから、「その地域で農業を」と決めている人には非常にありがたいし、相談員もとても親身に相談に乗ってくれます。

ただ、まだ就農地を決めかねている人は、対応してくれる相談員にも失礼にあたります。**どこで・どんな農業をやりたいか、どんな作物を作りたいかなど、きちんと決めてから実際に相談へ行ったほうがよいでしょう。**

支援策は、各都道府県のホームページから探すこともできます。

それぞれ地域によってホームページに特色がありますが、実際に利用した人の話を聞くと、「行政のホームページは情報が多く、どんな農業をしたいかによって情報がまとまってないので少しわかりづらい」という声もありましたが、相談員の方の応対は丁寧でとても頼りになるということです。

相談窓口③　市町村の相談窓口

各市町村のなかにある新規就農相談窓口は、インターネットで「〇〇市新規就農相談」と検索すると出てきます。名称としては「○○市農林振興センター」とか、「○○市農業政策課」が多いです。

どこの地域も「課」で取り扱う内容が広いのですが、「新規就農支援」などのワードで検索すると出てきます。こちらの窓口も市役所内・町役場内・村役場内にあります。

都道府県と同様、**市町村の場合も、その地域で農業を始めると決めてから相談にいったほうがよいでしょう。**

また、各市町村には農業会議はなく**農業委員会**という組織があります（またむずかしい言葉が出てきましたがスルーしないでくださいね）。4章でも説明しましたが、基本的には農地の売買や、農地の貸し借り、農地のあっせんなどを行う組織です。

こちらも新規就農の相談に乗ってくれますが、どちらかというと農地を扱うことがおもな業務です。このあとに続く農地の話でも解説します。

相談はどんな感じで進む？

このように国をはじめ、都道府県・市町村単位で相談窓口はあります。地域によっ

て窓口は異なりますが、

①県庁や役所のホームページから、代表の電話番号を検索
②受付が出るので「あたらしく農業を始めたいんですが」と伝え、担当窓口につないでもらう
③担当窓口につながったら「新規就農の担当者をお願いします」と伝える
④担当者に「○○地域で新規就農を考えていますが一度相談に行きたい」旨を伝える
⑤アポイントを取って紹介された窓口に行く

といった手順で確認するのがよいかと思います。

相談するときに注意することは?

ここで皆さんに「これだけは注意してもらいたい」ことがあります。

全国新規就農相談センター(全国農業会議所)や都道府県(○○県新規就農相談センター・○○県農業会議など)の相談窓口は専任の相談員が担当してくれます。

そのため、「農業を始めるには一体どうしたらよいですか?」という相談者でも比較的受け入れてもらえます。

ただ、**都道府県の農政課や市町村の場合は、専任の相談員ではなくほかの業務を持ちながら相談に乗る**というケースがほとんどです。

「相談窓口で塩対応された」という話を聞きますが、それは「ばく然とした相談をした側に問題あり」とご理解ください。

なのでスムーズに相談を進めるためには、**今まで積み上げたことを整理しておくとよいでしょう。**例えば、情報収集や農業体験、週末農業からの作物選び、地域の選択やどれだけの作物を作りたいかなどをまとめておくとよいと思います。

以前、新規・独立自営就農（自身で独立して農業経営を行うタイプ）を実際にした方からこんな話がありました。

「なぜ農家になるのか。なにを栽培したいか。これをだれにでもわかりやすく説明できるよう整理しておくことが大事ですね。**どこの相談窓口でも、最初に聞かれる質問は必ず決まって、なぜ農業したいのか？**でした」

農業を始めるにあたっての心がまえはしっかりできているのかを、窓口では必ず確認されるということだと思います。

そして、それは窓口に限りません。あらゆる人から「なぜ農業か？」と常に聞かれるとも、その方はいっていました。農業を仕事にすることのめずらしさからなのか、興味本位からなのかはわかりませんが、もしかするとそこで「やめたほうがよいのでは」と親切心から意見されることもあると思います。

大切なのは、自分の思いをだれにでもきちんと説明できるようにしておくことです。

ちなみに役所というと、ふだんは住民票を取りに行くぐらいしか利用しませんし、なかなか相談窓口には行きづらいなと思われる方も多いと思います。

実際、私もそうでした。初めて農林水産省に行ったときは、甲子園の開会式の入場行進で緊張している高校球児のように、右手と右足が同時に出るような状態でした。でも、それは最初だけです。慣れないうちは大変かもしれませんが、そんなに緊張する必要はないので、ふつうに相談に行ってください。

相談窓口はいくつかありますが、どこに行くにせよ事前に「なぜ農業をしたいのか」を確認しておきましょう。

とはいっても役所の相談窓口はやはり行きづらくて……。もっと相談に行きやすいところはありますか？

相談のしやすさなら「新・農業人フェア」

それでも「役所の相談窓口には行きづらくて……」という方におすすめなのは**「新・農業人フェア」**です。２章でも少し紹介しましたが、簡単にいえば「就職・転職フェアの農業版」です。

これから農業を始めたい方向けに、目的に応じた情報を提供してくれたり、気軽に相談ができたりするイベントです。

このイベントは、私が株式会社リクルートジョブズ（現株式会社リクルート）で２０１３年から２０１９年まで責任者として担当しました。リクルートが過去から積み上げた就職イベントのノウハウを取り込み、初心者にもわかりやすく情報収集ができるよう、さまざまな工夫をしてきました。

現在も農林水産省の補助事業として継続されていますが、2023年度は主催が株式会社農協観光、運営協力を株式会社マイナビが担当しています。過去のノウハウを引き続き踏襲しているので、非常に情報の取りやすいイベントになっています。

その「新・農業人フェア」での情報の取り方を、目的別に整理してみました。

目的別「新・農業人フェア」活用術

目的① 農業に興味がある初心者の方

会場内では「農業初心者講座」「現役農家さんの就農プロセス」「女性農業者の語る農業」など、興味のあるセミナーが数多く開催されています。

いきなり相談するのは腰が引ける……という方は、セミナーを聞くだけでもかなり農業のことを身近に感じることができます。

目的② 独立して農業を始めたい方

会場内では各都道府県・市町村（○○県新規就農相談センターなどの名称）が、相談ブースを出展しています。自分が農業を始めたい地域の相談員に相談してみてください。このブースは、「来場者に各地域の情報を提供する」というスタンスで出展しているので、**地域が決まっていなくても気軽に相談することができます。**

また、興味のあるブースを複数か所回って話を聞くことも可能です。相談員の話を聞いたうえで、いくつかの地域を比較して、自分が農業をやりたい地域を決めることもできます。その地域で力を入れている作物や、「新規就農者が取り組む作物は○○が多い」といった参考になる情報も得られます。あとは、その地域の支援策を聞いてみることもできます。

自分で各地域に出向いて情報を得ようとすると、時間もお金もかかってしまいます。「新・農業人フェア」なら、このように興味のある地域のブースを1日で回り、比較しながら情報収集をすることができるのです。

目的③　農業法人に就職希望の方

会場内では人材を募集している農業法人や農家さんが採用目的で出展しています。経営者や人事担当者がブースに着席しているので、直接その会社のリアルな話が聞けます。

5章でも説明していますが、独立を希望している人は、

「ここで働くことでなにが手に入るか」
「会社の所在地は自分の就農希望地に近いか」
「その会社の栽培している作物は、自分の栽培したいものとリンクしているか」
「会社の経営方針やビジョンは共感できるものか」
「独立支援はあるか」

などを直に聞いて、自分の入りたい農業法人を選ぶのに役立ててください。

また、**農場見学や農業体験をさせてもらえるか**も確認してみるとよいでしょう。就職する前に、会社の雰囲気やいっしょに働く仲間のことを知ることができます。

農業法人以外では、ハローワークも出展しているので、日本全国の農業法人や農家さんの求人を確認することもできます。

目的④ 農業の勉強をしたい方

日本農業実践学園（156ページ）をはじめ、ほかの農業学校もブースを出展しています。こちらもいくつかの学校の話を聞いてみてください。「カリキュラムの内容」「農業実習の内容」「学校や授業の様子」「入学金や授業料について」「入寮について」

など、気になることをすべて聞いて比較してみましょう。

また、158ページでも紹介した、アグリイノベーション大学校を運営する株式会社マイファームなどが出展していることもあります。今の自分の生活スタイルや生活リズムのなかでどのように学ぶか、いろいろと話を聞いたうえで検討できます。

目的⑤　女性で農業を始めたいと考えている方

女性も安心して相談できるよう、女性の相談員がいる相談ブースが設けられています。現役の女性ファーマーが相談に乗ってくれ、「農業を始めるうえで大変なことや苦労したこと」「農業に活かせた経験」など、女性どうしなので遠慮なく聞くことができます。農機具を扱えるか、重たい作物を運べるか、トイレはどうするかなどのリアルな話も聞けます。なかには相談したその翌週に、畑に訪問する方もいるそうです。

目的⑥　有機農業に興味のある方

実際に有機農業で栽培している現役農家さんが相談ブースにいます。

有機農業にはたくさんの種類があります（74ページ）。有機農業の相談として専用ブースを設けていますが、「そもそも有機農業とはなにか」という点から、有機農業と慣行農業の違いや大変さまで話してもらえます。

「新・農業人フェア」だけでずいぶんと長く語ってしまいましたが、日本国内でも規模が大きいイベントです。自分のほしい情報を整理して参加すれば、これだけ効率的に情報を収集できる機会はここだけでしょう。

新卒なら新卒就職イベント、転職なら転職フェアですが、農業の場合はこのフェアがそれにあたるかと思います。

ただ、採用に長年かかわってきて感じるのは、新卒の就職活動や転職活動は目的がはっきりしている一方、**農業の場合は「なんとなく興味がある」という感じの方が多い**ように思います。

目的を持たずに参加すると、「参加しただけで満足」「情報収集しただけで終了」なんてことになりかねないのです。

私はこのイベントにかかわって10年、「だれでも来やすい」「入りやすい」イベントを目指してきました。

しかし最近では、このイベントに来る人はとても勇気がある人で、参加するにいたるまでかなりハードルが高いのでは、と思うようになりました。

1章でもお伝えしましたが、そうなってしまう原因は、

「農業の世界を知らなすぎて踏み出せない」
「農業に対して興味はあるが、知識も自信もない」

という先入観から来るのではないかなと思います。

しかし、本書でここまで「自分のやりたい農業」を考えてきた皆さんであれば、この「新・農業人フェア」を有効に活用できると思います。

さまざまな相談ブースが充実している「新・農業人フェア」がおすすめです。
目的に応じて効率的な情報収集が可能です。

CASE 1

「新・農業人フェア」相談ブースいろいろ

「なにから始めていいのかわからない」「まずはどこに相談に行けばいいの？」など、就農に関するさまざまな質問に相談員がお答えします。

就農への「はじめの一歩」として相談をしてみませんか？

・国の支援制度をうまく活用しよう（農林水産省）

農林水産省では「農業を仕事に」と希望する人向けに支援する制度や、農業を始めてからの経営が順調にいくようサポートする制度を用意しています（内容に関してはあとの章で説明）。

国の支援になるので申請手続きも必要になりルールもありますが、その内容や使い方などを農林水産省のスタッフが紹介してくれます。農林水産省に行って相談することはなかなかできないので絶好の機会です。

・インターンシップ紹介コーナー

5章で紹介した農業インターンシップを運営する日本農業法人協会のスタッフがインターンシップの内容や申込方法、受け入れ先の農家さん、農業法人の紹介を丁寧に説明。

インターンシップに参加したい方向けのブースです。インターンシップを受け入れている農家さん・農業法人が当日会場にいることもあるので、直接ブースで話を聞いてみるのも非常に効率的です。

・資料コーナー

当日出展している農家さん、農業法人、各都道府県、市町村の自治体ブースの配布資料をすべてまとめて置いてあります。自分の興味のある地域や団体の資料が手に入ります。もちろん無料ですので、持ち帰って家でじっくり目を通し、各地域の特色や受け入れ体制、支援策の違いを比べることができます。

・その他

農地の相談に乗ってくれる全国農地保有合理化協会や、資金の相談に乗ってくれる日本政策金融公庫も出展しています。気になる方は話を聞いてみてください。

また、ハローワークも出展しているので、全国の農業の求人や農業関連の求人を閲覧することができます。

いよいよ農地が必要になりました。むずかしいことも覚えないといけませんよね？

避けては通れぬ「農地の話」

さて、「農業を仕事にする」を実現するために、具体的なフェーズに入ってきました。農業を始めるうえで実際に用意しなければならないのが、**農地**です。

この先農地を借りる、農地を買うという話に入っていきますが、やはり農業はわかりにくく、一般的な不動産取引のように貸す側、借りる側で契約を結ぶだけではないのです。

これから農地を借りるにあたり、法律が立ちはだかるなど多少むずかしい話になります。できる限りわかりやすくお伝えしたいと思いますが、大事な部分なので皆さんも少しかまえてください。

農地を管理する「農業委員会」

一般的に、家を借りたり、土地を借りたりするときには、不動産屋さんや宅地建物取引の免許を持っている方に相談します。しかし、農地の場合は違い、不動産屋さんのように仲介役となってくれる組織が農業界には別にあります。

それが6章でも出た、全国の市町村にある**「農業委員会」**です。

役割は簡単にいえば、**農地法に従って、農地が適切に貸し借りされているか、有効活用されているか**を管理する機関です。

ひと言でいうなら**「農地の番人」**という表現がしっくりくるように思います。

とはいえ、「なぜ自分のお金を払って借りている農地が、第三者である農業委員会によって管理されるのか？」と不思議に思う人も多いと思うので、説明していきます。

この先皆さんが、どれだけの農地を借りて、購入して農業を始めるかは、その人のやりたい農業によってさまざまです。

農業としてガッツリ稼ぐ場合には、それなりの農地の面積が必要になるわけですが、広い土地を所有すればするだけ、皆さんご存じの**固定資産税**がかかってきます（ここは、サラッと流してください）。固定資産税は、各市町村によって定められた**「固定資産評価基準」**によって決められたものです。算出の仕方は、

土地の固定資産の評価額（課税標準額）×1・4％（標準税額）＝固定資産税

当然、土地が広ければ広いほど、固定資産の評価額は高くなります。固定資産の評価額が高ければ、市町村に納める固定資産税はそれだけ高くなります。

そうなると、広大な土地を保有する農家さんが負担する固定資産税は、かなり高くなってしまいます。宅地と同じ額の固定資産税を払っていたら、農家さんの経営は成り立ちませんよね。こういった状況から、**農家さんの固定資産税の負担を軽減するため、農地は宅地よりも固定資産税が優遇されているのです。**

もう少しくわしくお伝えします。農地は固定資産の評価額が宅地よりも低めに設定されています（市街化を抑制された、市街化調整区域の場合）。また、評価額が30万円

未満であれば、固定資産税そのものが免除されます。

さまざまな要件がありますが、農地として優遇されるには「農地である」と認められていることが前提です。逆をいえば、行政（農業委員会）に農地として認められていない土地で農業をすることがあると、税金の負担が大きくなります。それではとてもではありませんが、経営が成り立ちません。

そこで、**農地が農地として有効活用されているか、農地として認められているかを見張っているのが、農地の番人・農業委員会なのです。**

ちなみに、土地の評価額が低いため、農地をだれかに貸し出す際も、安い価格で貸すことができます。農地を借りるときの相場ですが、10a（1000㎡）の畑を1年借りた場合、約5000～1万円です。こちらはあくまでも目安で、地域や条件、所有者の考えによって異なりますので参考程度に押さえておいてください。

「農地法」で押さえるべきは「3条許可」

今さらですが、国にとって農業は重要な産業です。その農業を支えている農地は、重

要な資源なので、あらゆる行政機関に守られているといっても過言ではありません。

これらを理解すると、空いている土地で農業をやることが簡単なものではない、ということに納得できると思います。

では、先ほどの農地の番人・農業委員会が、「農地が農地として適切に活用されているか」をどう判断しているのでしょうか。

その基準にあたるのが**「農地法」**という法律です。どのような法律なのか、内容そのものは覚えなくて大丈夫ですが、農地を借りる・購入する人が、**「農地法にのっとってなにを守らなければならないか」**だけご理解ください。

まず、農地法の目的ですが、原文を要約すると、

「農地法は、耕作者の農地の所有が適当であることを認め、耕作者の農地の取得を促進・規制し、その権利を保護し、その土地が農業を行ううえで効率的な利用がなされ耕作者の地位の安定や農業生産の増進を図ることを目的とする」

とあります。農地法にのっとって農地を借りるのに重要なのが農地法第3条、いわ

ゆる **「3条許可」** といわれるものです。3条許可にある3つの要件をすべて満たした場合に限り、農業委員会が農地の取得を許可します。3条許可を要約すると、次のような内容がうたわれています。

3条許可① 全部効率利用要件

・農地のすべてを効率的に利用すること

・機械や労働力を適切に利用するための営農計画を持っていること

農地の広さに見合った労働力はあるか、その農地を耕作する機械の導入予定はあるか、資金はあるかなどの観点から、継続して農業を続けられるか判断されます。

営農計画については、207ページで解説しますが、それほどかっちりしたものではなく、各地域の農業委員会にフォーマットがあると思います。書き方に関しても農業委員会や就農相談担当者に指導してもらえますので、安心してください。

3条許可② 農作業常時従事要件

・必要な農作業に常時従事すること

農地取得後、必要な農作業への従事（原則年間150日以上）が求められます。

3条許可③ 地域との調和要件

- 周辺の農地利用に支障がないこと
- 水利調整や道の草刈りといった共同作業に参加し、地域と協力すること
- 無農薬栽培を行っている地域で農薬を使用するなどの行為を行わないこと

水利調整というのは、聞き慣れない言葉だと思いますが、つまりは農業用水を使うためのルールを守ること。地域によっては水利組合というものが存在します。いずれにしても農業に水は欠かせませんから、守らなければならないものです。

以上が「3条許可」です。要するに**「農地の有効活用」「農業を行う労働力」「地域との調和」、このどれかひとつが欠けても農業は成り立たない**と解釈できると思います。土地を得るには、これらを農業委員会に申請し、許可をもらうことが必要になります。では、どうすればよいのかということですが、ここからは非常に重要です。むずかしくなりますが、お付き合いください。

むずかしい話はありますが、すべて覚えなくて大丈夫です。まずは農業委員会と農地法の要点を押さえます。

農地を探すには、実際にどんな方法がありますか？

農地の探し方はさまざま

農地を借りたり買ったりするためには、前述した**「農地法」「農業委員会」**は必ず通らなければなりません。不動産屋さんに行って物件を選び取引するというわけにはいきません。

一説によると、日本には滋賀県の大きさくらい、**耕作放棄地**があるとされています。そして、この先も増えるともいわれています。

その一方で、農地法で保護されているため、手ごろな農地は簡単にみつからないなど、農地を守る・取得を促進する法律が、逆に貸し借りの足かせになっている面も否めません。

では、農地を手に入れるには、どのように探すのがよいのでしょうか？

農地を借りる方法や、農地の紹介を受ける方法はひとつではありません。

というのも、都道府県・市町村によって決まりごとがさまざまで、行政機関の数だけ手順があるといっても過言ではないのです。

「こうすればバッチリ！」といえない私もつらいのですが、共通して重要なことは**その地域の事情・お作法に従うこと**だと思います。

参考までに、4つのアプローチのしかたを紹介します。

農地の探し方①　地域の行政機関に相談に行く

・まずは担当部署を探す

地域の行政機関といってもわかりづらいと思いますが、**まずは新規就農を担当している部署を探します。**

県庁・市役所・町役場など、それぞれのホームページ内の検索機能を使って**「新規就農」「農業始める」**などと入れてみてください。

すると農業を始める人向けの支援を行っている部署が出てきます。役所によって名称はさまざまですが、これが比較的早くみつかる方法だと思います。

例えば、栃木県庁のホームページから「組織」と入れて検索してみます。

すると「農政課」「農村振興課」とそれらしい担当部署が出てきます。通常だと農政課をクリックしてしまいそうですが、新規就農の支援を担当する部署は、実はその下にある「経営技術科」です。

でもこれではたどり着けなさそうですよね。そのため、組織から検索ではなく、「新規就農」「農業始める」と検索するとよいです。

栃木県の場合、検索すると、栃木県の行っている新規就農支援策の支援サイト「とちぎ就農支援サイト　ｔｏｃｈｉｎｏ」が出てきます。そこにアクセスすれば栃木県内の支援情報を管理するウェブサイトへのリンク先につながります。

このように、**自身の興味のある地域があれば、「新規就農」「農業始める」などと検索し、担当部署を探しあてたうえで相談してみてください。**

いくつかの行政機関へ相談していくなかで、担当者の反応に温度差を感じる場面もあると思います。積極的に新規就農者を受け入れるところがほとんどですが、そうでない地域や、前述のように担当者もほかの業務をこなしながら相談を受けている場合があります。十分に対応してもらえないケースもあるので、時間をおいて出直すか、場合によってはほかの地域をあたることも視野に入れましょう。

・地域の行政機関が農地の情報を持っている場合

行政機関の担当者に相談すれば、農地の相談先である**農業委員会**を紹介してもらえますが、**なかには都道府県・市町村の行政機関が農地の情報を持っていて、そのまま紹介につながる**ケースもあります。

埼玉県を例に挙げます。まず、先ほど解説したように、ホームページで「新規就農」と検索。すると「農業を始めたい方への支援」と出てきます。

こちらをクリックすれば「見沼(みぬま)田んぼ就農予備校」「明日の農業担い手育成塾」などが出てきます（ホームページのなかほどまでねばり強くスクロールしてください）。

どちらも新規就農のための支援策ですが、今回は農地の紹介まで行っている**「明日の農業担い手育成塾」**をケースとして紹介します。

埼玉県の宮代町(みやしろまち)では、毎年積極的に「明日の農業担い手育成塾」を推進し、町内の新規就農者を増やす試みを行っています。

大まかにいうと宮代町で3年間の農業研修を行い、最終的には宮代町に移住し、契約した農地で農業を行うものです。**年齢は申込段階で57歳までが対象です。**

では、実際に皆さんが宮代町役場に問い合わせをし、「明日の農業担い手育成塾」に参加したいと申し出たとしましょう。次のような流れで進みます。

①応募

▽

②審査（面談）

本事業への理解度や、農業の経験・理解度、家族の協力・理解、移住の覚悟などを聞かれます。

▽

③3年間の農業研修

審査に通ると3年間の研修が開始されます（農業の経験不足と判断された場合は、入塾前研修で受け入れることがあります）。町が確保した20aぐらいの農地から研修スタートです。技術に関しては、町で紹介する里親（地元の農家さん）が相談に乗ってくれます。このとき、農地の賃借料である10aあたり年間1万2000円・里親への謝金・農業機械の貸出費用・農業機械の燃料費・井戸の使用料など、研修期間中にかかる費用は、町が予算の範囲内で負担してくれます。

④ 3年間の研修終了 ◁

修了後も、研修で借りた農地は独立就農時の耕作地として使用できます。修了審査後に農業委員会に推薦され、宮代町の農家として認定されます。

⑤ 契約締結 ◁

この段階で、現在耕作している土地の契約を、地主である農家さんと研修修了生との間で契約します。事務手続きは農業委員会が支援してくれます。

この制度を活用すれば、研修から就農、農地の借り入れまで進められるので、農地探しは苦労しなくてすみます。

また、栽培した野菜などの農産物の販路としては、販売研修先である直売所「新しい村 森の市場結（ゆい）」への出荷や、同直売所を通じて学校給食への食材供給をすることができます。ほかにも、先輩新規就農者からの紹介で、ほかの直売所や近隣スーパー内の地場産コーナーへの出荷も可能です。

行政機関のほうでここまでしてくれるとなれば、**皆さんに必要なのは「農業の理解**

度を高める」「農業経験を積んでおく」「宮代町に移住して農業をする覚悟を持つ」ことです。

実際に、53歳から入塾前研修を経て、現在研修2年目、独立を目指して頑張っている方もいます。その方は、自身だけ宮代町に住民票を移してアパートを借り、奥さんは県内の別の場所に住んで、週末だけ農業の手伝いに来るそうです。

ほかの県でも同じような支援策や制度がありますので、まずは県や市のホームページから「農業始める」「新規就農」と検索し、担当者に聞いてみてください。

ただし、どこの相談窓口でも、「農業やりたいです」という突然の相談や、ばく然とした相談は、塩対応される可能性がありますので気をつけてください。

農地の探し方② 農業委員会で紹介してもらう

農地に関しては、各市町村にある農業委員会に問い合わせする方法もあります。

ただ、こちらも「土地を貸してください」「農業始めたいんですが」と突然聞いたら塩対応された、という話があるようです。

まれに電話で農業委員会に相談するケースもあるようですが、まずは「農地の探し

方①」にある通り、地域の行政機関にある農政課に相談に行き、内容を確認したうえで農業委員会を紹介してもらうのがいちばんよい流れかと思います。

そうなるためには、きちんと**営農計画**を作り上げてからでないと取り合ってくれないこともありますのでくれぐれも注意しましょう。

営農計画に関しては207ページで農地法とあわせて説明します。

農地の探し方③　研修先の農家さん・勤務先の農業法人から農地を紹介してもらう

研修先の農家さんや勤務先の農業法人が農地を探してくれたり、貸せる農地を持っていそうな農家さんを紹介してくれたりするケースがあります。

研修先・勤め先と同じ地域なので、そのあとの就農もスムーズですし、地域のネットワークもあるので、そのあとの手続きも円滑に進められます。

また、農地を借りるのは意外に時間がかかるものです。研修期間が終わってしばらく勤務してから始めるのではなく、**研修と並行しながら農地を貸りる方法を考えて行動しておく**ことがベストです。

研修先の農家さんや勤務先の農業法人でお世話になる段階で、先々の自分の計画も含めて農地の件も相談しておくのもよいと思います。

その地域の情報は、その地域のなかに入り込まなければわからないことが多くあります。昔からその地域で農業をされている農家さんや、地元でネットワークを持って商売をしている農業法人の方の情報はとても貴重なので、うまく相談しましょう。

農地の探し方④　自分の足で地域を回り情報収集する

ごくまれなケースですが、新規就農者のなかには自分で希望の就農地域を回り、地域の人に声をかけて農地の情報を手に入れた方もいます。

ただ、「○○の孫です」とか、「○○さんの農園で研修（勤務）している○○です」といったように、なにかしらその地域とつながりがある場合がほとんどです。

つてやつながりがなにもないと、怪しまれたりトラブルになる恐れもあります。自分で情報収集する際は十分に気をつけてください。

また、**口約束で農地を貸したり、借りたりすることは厳禁**です。

例えば、農業を始めたいと考えているAさんがいたとして、田舎で別居しているAさんのおじいさんから、「農業をやっていた土地が空いているから使っていいよ」と口

頭でいわれたケースがあったとしましょう。

この場合、おじいさんの農地を、Aさんが手伝うという形であれば問題ありません。ただ、Aさんが口約束で農地を借り、経営者として農業をやるのは農地法上違反になります。いわゆる**ヤミ耕作**にあたります。利用するとしたら、農業委員会を通して利用権の設定をきちんとする必要があります。

ここまで農地の探し方を紹介しました。このように地域によってさまざまですが、とどのつまり、その地域にくわしい方に聞くのがいちばん手っ取り早いです。「郷に入っては郷に従え」といいますが、これまでの社会人経験を活かせるところです。地域に溶け込んでうまく話を進めましょう。

農地の探し方はさまざまですが、その地域のつてを頼りにできる方法を探しましょう。

やはり農地はなかなか手に入らないですか……。

法改正で以前より借りやすくはなった

いずれの方法をとるにしても、農地を手に入れるには農地法・農業委員会を避けて通ることはできません。国は耕作放棄地が多くある現状を問題視し、農地を取得しやすくしようとはしています。その一方、地域の農業委員会や行政機関は、過去の農地をめぐるトラブルや昔からの慣習、自分たちの農地を守るなど、さまざまな背景からよそから来た人に農地を貸す、売ることに対して慎重になっているようです。

そういう状況ではありますが、ここで皆さんに朗報です。

2023年4月から**農地法の下限面積要件が撤廃**されました。かなり唐突ですが、新規就農者には重要な情報なので解説していきますね。

それまで農地を借りる際は、都府県では50a（5000㎡）が下限とされていました。北海道の場合は2haが下限です。

この下限は、過去に**「専業農家」**を対象に考えられたもので「最低50ａくらいないと経営が安定しない」という理由から設定されました。つまり、専業農家に長く農業を継続してもらうために設けられた下限設定なのです。

しかし、それまで他業界にいた人が、あたらしく農業を始めることを考えてみてください。農業を始めるには初期投資や農業技術がないといけません。耕作するには人手がいります。そういった環境のない新規就農者が、いきなり専業農家並みに土地を耕し、50ａ以上借りるのは無理な話です（ちなみに50ａは、ＦＩＦＡ推奨のサッカーコートの大きさが７１４０㎡なので、サッカーコートの70％くらいの大きさです）。

ところが昨今の農業者の減少と高齢化を受けて、農地の利用を促進する目的で農地法が改正され、この下限がなくなりました。これによって農家の担い手の負担を減らすだけでなく、**意欲を持った新規就農希望者も、土地の規模の大小にかかわらず、以前より比較的農業に参入しやすくなったのです。**ある意味、以前より一歩前進し、皆さんも農地が借りやすくなったといえます。

農地法改正により農地利用の下限がなくなり、以前より借りやすい状況にはなりました。

農地を探す前に気をつけたいことはなんですか？

自分なりの「営農計画」を立てよう

以前より借りやすくなったとはいえ、農地を借りる手続きはたやすくないという点ではさほど変わりません。

「では、一体どのようにしたらよいの？」と思われますよね。

191ページで農地法の3条許可というむずかしそうな言葉を説明しました。いずれの方法であっても、最終的には**農業委員会から農地を活用できること、つまりこの3条許可を認めてもらう**必要があります。

そこで新規就農希望者の皆さんは、この3条許可の項目をクリアした**「営農計画」**を立て、行政機関の担当者に説明できるようにする必要があります。

営農計画はすでに何度か出ている言葉ですが、比較的初期投資が少ない露地野菜で始まるケースを例にして、営農計画の立て方を紹介します。

営農計画はどう立てる？（露地栽培の場合）

ステップ①　なにを作りたいか・農地はどれくらいの広さか

まず考えるのは、**作物**と**農地の広さ**についてです。

この2つを合わせて考えたとき、**「ひとつの作物をたくさん作るのか」「多品目の作物を少量ずつ作るのか」**が選択肢としてみえてくると思います。

（ひとつの作物の場合）

同じ作物の場合は出荷時期が限られているので、この収穫時期に年間の売上を確保する必要があります。そのため、**それなりの広さの農地がなければ、たくさんの量が収穫できず、経営的にはかなり厳しいです。**経営的に厳しいと担当者から判断されると、「継続して農業をやれるの？」と疑問視されてしまいます。

（多品目の作物の場合）

3章の週末農業と同じように、品目が多いほど手間は増えます。そのため、**作付け**

時期の問題（限られた畑のなかで作付け時期を工夫し、年間を通して多品目の作物を栽培できるか）や、**販路の問題**（それぞれの作物に合わせた販路は用意できているか）を対処できる能力があるかをみられます。

販路によっては、梱包・発送などさらに手間がかかるケースもあるので、それをまかなえる人手があるかどうかも確認されます。この点をきちんと計画して、担当者の方に突っ込まれたときにしっかりと説明できるようにしておきましょう。

ステップ②　どのくらいの農業経験があるか

農業経験を積んでいるかどうかの実績も、担当者にみられるポイントです。実績としてとらえられるのは次の通りです。

・農業専門学校での研修実績

いちばん認可されやすい実績は**「県の運営する農業大学校で研修を受けました」**です。国から認可された学校なので、行政機関も指導内容を理解しています。

また、前述した民間農業大学校であるアグリイノベーション大学校は、**国の認定農業者として認められているので、認可される可能性は高いです。**

ただ、国に認可されていることを認知している県もあれば、認知してない県もあります。そのあたりを証明する方法を確認してから訪問するのがよいでしょう。

・農家さんもしくは農業法人での研修実績

「○○農園で1年から2年研修をしました」というのも実績として十分です（露地野菜は研修期間が1年のケースもありますが、水稲〈稲作〉の場合2年は必要です）。ただし、その地域の農家さんでなければむずかしいケースがあります。

地域で行政機関が主催している農業塾や勉強会に参加するのも実績としてみられます。

基本的には、その地域で研修を積み、その地域で就農する人に農地を提供するという流れが一般的です。4章でもお伝えしたように、そういう理由からも研修先を選ぶ際は「その地域に農地があるか」を確認してから受けるのが賢明です。

ステップ③　資金はあるか

資金も当然みられる点です。シニアの方にとっては、子供が自立したり、ローンが少なくなっていたり、返済が終わっていたりと、経済的には自立している方が多いので大きな問題はないと思います。

ただ、前述のように農地法の下限面積要件が撤廃されて10a（1000㎡・約300坪）くらいから農地を借りられたとしても、自分の手だけで耕すのはかなりヘビーです。**歩行用トラクター耕運機（管理機**ともいう。畑を耕す農機具。新品で16万円ほど）や**軽トラック**なども必要になりますので、初期投資はそれなりにかかります。

昔はどれだけ資金があるのかをみるのに「預金通帳をみせてください」といわれるようなこともあったと聞きますが、今は口頭で説明できる範囲でよいかと思います。

ステップ④　5年先までの計画があるか

ほかの地域から来た人に農地を貸すにあたって、行政機関にとっていちばんのリスクは、**継続して農地を使ってもらえないこと**です。

過去には、その土地で10人ほど研修を受けてもらったのに、結局ひとりも残らなかったことや、借りた農地で農業を始めたもののうまくいかず、逃げるようにしてその地域をあとにするケースもあったようです。それゆえ、ほかの地域から来る人に農地を貸すことに慎重にならざるを得ないのだと思います。

そういう事情も考慮して、**5年先くらいまでの計画**は描いておいたほうがよいと思います。

特に、農地を今後拡大していく計画であれば、そのために必要になってくる人手も忘れずに。パートナーもしくは家族のだれかに手伝ってもらうのか、アルバイトさんを雇うのか（雇う場合はその人数もいります）。人手でなく機械化で補う場合には、どのような機械を入れる予定なのかも考える必要があります。機械に関してはむずかしいので、担当者に相談することを前提に考えておけば十分すぎるくらいです。

ステップ⑤　住む場所はどうするのか

農地まで自宅から通える人はよいですが、移住する場合には住む場所をどうするか考えておいてください。

例えば、畑の近くにアパートを借りて住む、行政機関から貸し出されている空き家を借りる（事前の調べが必要ですね）、研修先がその地域であれば、研修先の経営者が住居を紹介してくれるなどのケースもあります。

ただ、アパートを借りる場合は要注意です。農業をやるうえでどうしても必要なのが**「作業小屋」**です。農家さんの母屋（おもや）の隣に、農機具やコンテナが積んである小屋をよく目にすると思います。それがないと、収穫した野菜の出荷準備を軽トラックの荷台で行うなんてことにもなりかねないので確保するようにしましょう。

そういう細かな点までも、担当者に心配されることも頭に入れておいてください(この土地で順調なスタートがきれるよう、長続きができるよう、皆さんのことを心配してくれる……ありがたい存在です)。

ここでシニアの皆さんに朗報です。

小規模な農地が借りられるようになったということは、**金銭的にも体力的にもリスクが少なくすみます。**加えて皆さんは、社会経験が豊富で、資金の貯えもある人も多い。人間的にも資金的にも、比較的信用されやすいのではと、実際に話される行政機関の方もいました。

自分なりの営農計画をきちんと立てたうえで、行政機関の担当者に相談しましょう。

農地をみつけるまで、どんな流れになりますか？

ひとつずつ手順を踏めば農地はみつかる

農地法、3条許可、農地の探し方、営農計画とこれまで説明しました。

では、農地をどのようにしてみつけるのか、実際の流れに沿っていっしょに考えてみましょう。


ここからは、アドバイスや復習の観点から話を進めますが、理論を頭に入れるだけでは前に進みません。なにより必要なのは、皆さんの準備や心がまえです。

自分の就農スケジュールや農業を始める時期を、具体的にイメージしながら読み進めてください。それではいいですか？　いきますよ。

ステップ① 自分の農業を行う地域と作物を決めよう

まず、自分の農業を始める地域と作物を決めましょう。ここをまずきちんと決めるところがすべてのスタートです。

前にも少し触れましたが、行政機関に相談に行ったら「どこでやるの?」「なにを作りたいの?」とまず聞かれ、「それが決まってないんじゃ話にならない」と塩対応されたということも実際にあります。

相談をする側としては、「それを相談したかったんだけどな」「もうちょっと丁寧にしてくれても」と思うかもしれません。

しかし、**相談を受ける行政機関の側からすると、「どこで始めたいか」「なにを作りたいか」を聞くことによって、その地域に最適な作物、もしくはその作物に最適な地域をアプローチできるのです。**

実は、「○○の生産量が多い」という地域は、作っている人が多いだけではなく、**その地域だから育ちやすい作物**ということがあります。

例えば、ピーマンの生産量日本一を誇る茨城県の場合。茨城県のなかでも、神栖(かみす)市はピーマンの生産量・作付け面積が日本一です。その要因は、気候が温暖で砂地が多く水はけがよい土地環境にあり、そこにあった作物がピーマンということなのです。

そのため、新規就農相談窓口で**「茨城県で農業をやりたいです」**と相談すると、ピーマンの栽培をすすめられることから相談が始まるかもしれません。

逆に、**「ピーマンの栽培を考えています」**と相談すると、ピーマンの栽培の盛んな地域を案内されるところから始まるかもしれません。

そういう意味でも、「どこで始めるか」「なにを作るのか」を自分のなかで決めるのはとても重要です。

「どこで始めるか」に関してさらにたとえると、**「源泉かけ流しの、温泉のある地域で農業をやりたい」**という希望があったとします。

そうなると、温泉のある地域を自分で探し、その地域へ相談に行くのがよいでしょう。その地域で推奨する作物をアドバイスしてもらえるかもしれません。

このように「どこで始めるか」を優先して地域を決めると、その地域の推奨作物をすすめられることがあるので、その点も頭に入れておいてください。

では、少し話を戻しましょう。

5章で話した、研修先を探したり農業法人に就職したりする段階で、どこで農業を始めるかを決めようとしたとき、

・自分の家の近くで農業を始める
・以前から興味のあった地域で始める
・両親の実家、もしくは祖父母の実家、親戚の住んでいる地域で始める
・地域は特に決めてないし、どこでもかまわない

などさまざまな考えがあると思います。いずれにしても（どこでもよかったとしても）、**まず「自分が農業を始める地域」は最低限決めましょう。**

そこが決まらないことには、相談先にも行けず、アドバイスももらえません。市町村まで決められればいちばんベストですが、せめて都道府県くらいは決めておくとよいでしょう。

ステップ②　地域の担当部署に相談しよう

農業を始める地域が決まったら、その地域の管轄の行政機関に相談に行きます。

6章の情報収集でもお伝えしましたが、各行政機関の農政課（新規就農相談窓口）に問い合わせてみてください。

最近では、オンラインでの相談を受け付けるところも増えています。

さらに市町村まで地域をしぼり込めている人は、直接その地域のホームページを確認して検索してください。

ただ、198ページから紹介している埼玉県の宮代町のような、市町村独自の支援策をひとつひとつ確認するのは大変です。なにせ市町村の数だけでも全国で1700超もありますから。

市町村の支援策を聞いてみたい方は、その都道府県の相談窓口に行きましょう。市町村の支援策を把握している担当の方がいると思うので、自分の気になる地域の支援策を確認してみてください。そもそも支援策がないところや、あっても国の制度のように年齢制限があるケースもありますのでご注意ください。

また、しぼり込んだ地域によっては、相談窓口が県や市町村の農政課の相談窓口とは別に**「新規就農相談窓口」**があり、専門の相談員がいるケースもあります（相談窓口は都道府県にあり、その多くは「○○県農業会議」という名称です）。

そこに関しては、連絡した先で窓口を確認してみてください。運が悪いとたらい回しになるケースもあるので、窓口で目的をきちんと伝えるようにしましょう。

相談窓口で話を進めるうえで大切なのは、行政機関の担当者とうまく付き合い、こちらの営農計画を理解してもらうことです。

207ページからのポイントを押さえ、営農計画をしっかり立ててから相談にのぞみましょう。

何度もいいますが、相談窓口であまりよくない対応をされても、めげることなくその地域の状況をきちんとヒアリングしてください。場合によっては、紹介できる農地がそもそもない場合もあります。

ステップ③　農業委員会に相談しよう

農業委員会に行って話をする内容は、基本的には行政機関の窓口で話す内容と同じと思ってください。行政機関の相談窓口で営農計画がしっかり話せれば、農業委員会にもスムーズに話が通ると思います。

実は農業委員会への提出書類は、簡易で記入が簡単なものが多いです。書き方については農業委員会で具体的な指示をもらえます。

また、行政機関の相談窓口と農業委員会は、業務的に関係のある場合が多いので、すでに情報の共有がされていることもあると思います。

実際に話すときは、前半はきちんと自分のやりたい農業や営農計画を伝え、そのあとは担当者にいろいろと相談に乗ってもらう感じで進めるとよいでしょう。農業をしたいという本気度が伝わります。

農業委員会側に、「この人は大丈夫」と確信してもらえれば、先回りしていろいろなアドバイスをくれるので、本当に頼りになる存在です。

そして農業委員会に3条許可が認められ、手続きを完了すれば、実際に農地を借りる段階に移ります。

ただ、残念ながら農地がみつかったからといって、すぐに農業ができるものではありません。その点については次の項目で解説しますね。

農地をみつけるまでのステップ

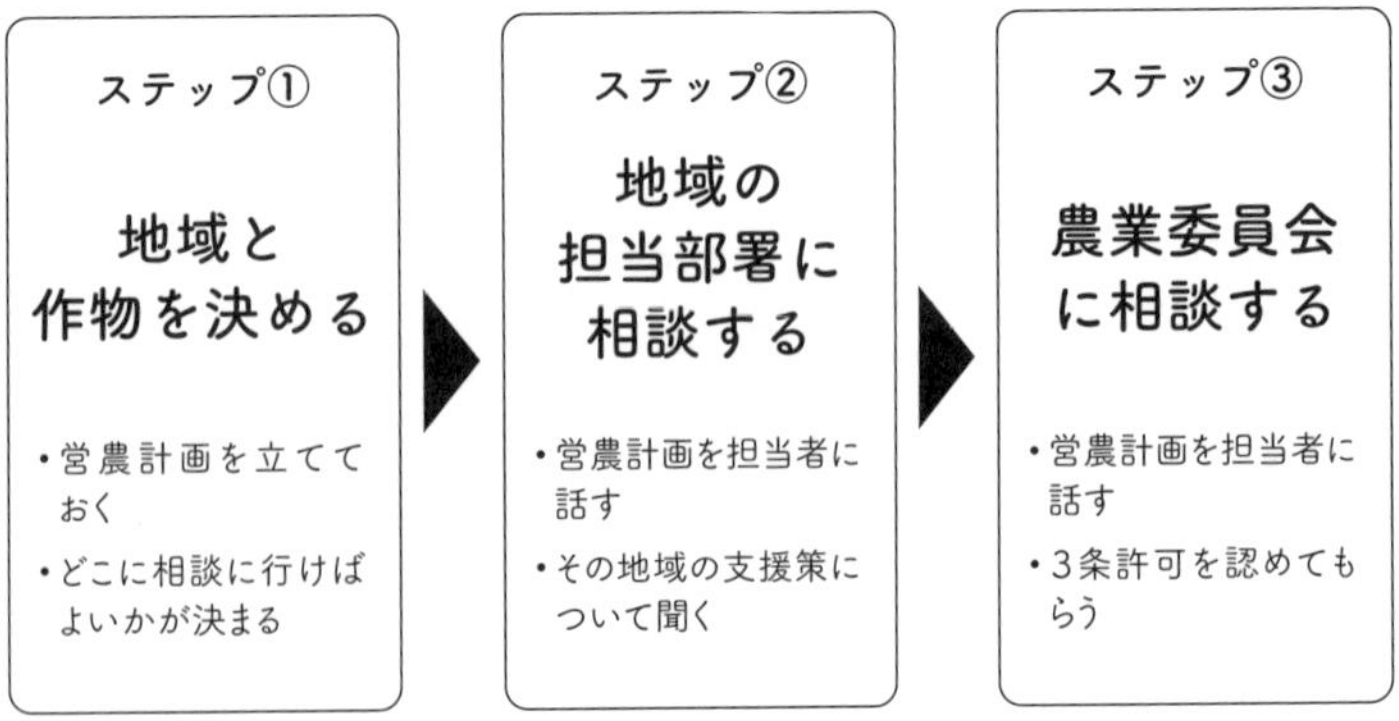

ステップ①	ステップ②	ステップ③
地域と作物を決める	**地域の担当部署に相談する**	**農業委員会に相談する**
・営農計画を立てておく ・どこに相談に行けばよいかが決まる	・営農計画を担当者に話す ・その地域の支援策について聞く	・営農計画を担当者に話す ・3条許可を認めてもらう

「地域とのつながり」を確認しよう

農地を探すうえで確認してほしいことが、あともうひとつあります。

それは皆さんのご両親、祖父母、親戚のご実家の話を聞いてみてください。いろいろと話をたどっていくと、**どこかで農家さんとのつながりや、地域とのつながりが思わぬところでみえてくることもあります。**

もし、つながりがみえたら、そのつてをうまく活用してください。

農地探しにおいて、「人とのつながり」は信用を生む大きなポイントです。

「○○さんの家のお孫さんですか」とか「○○さんのいとこなんですね」とか、そういったつながりがあるのとないのとでは大きく違います。

さらに可能であれば、その方に間に入ってもらうと非常にうまく事が運びます。

特に、50歳以降のシニアの方は、決めた就農地でうまくいかなかった場合にやり直しのききにくい年齢でもあります。**地域を選択する際は、少しでも自分とのつながりがないか調べてみましょう。**

ここまでできるだけわかりやすく説明しましたが、これで十分というわけではありません。

ここから先は、皆さんが描いてきた「やりたい農業」をさらに頑張って形にするフェーズに入ります。つまり、これまで自分がイメージしたことや練り上げた計画をもとに、実際に手を動かしてコマを進める番です。この項目の冒頭で「いっしょに考えましょう」とお伝えしたのは、そういった意図からでした。

きちんと手順を踏みさえすれば必ず農地はみつかります。

これまでの内容を参考に、皆さんの「やりたい農業」を実現できる農地を手に入れてください。

「どこで農業を始めるのか」をまず決めておきましょう。その土地につながりがないかも念のため確認しておくことが大事です。

農地を借りるときに、気をつけたいことはなんですか？

なにより大事な「地域の人との信頼関係」

実際に農地を借りるとき、おたがいの信頼関係は不可欠です。

埼玉県宮代町の「明日の農業担い手育成塾」（198ページ）のように、行政機関が段取りを踏んで進めてくれる場合はよいのですが、研修先の農家さんや勤務先の農業法人さん、農業委員会から紹介してもらって農地を借りるには、貸主の農家さんとのやりとりが当然発生します。そこにおたがいの信頼関係があって成立する話なので、**農地の実際の取引は、相手の人柄を十分知ってから進める**ことになります。

その際、行政機関や農業委員会の後押しがあれば問題はないかと思います。

ただ、私が勝手に思っているだけかもしれませんが、農業界には土地神話のようなものがあり、先祖代々守ってきた土地を守り続ける意識が強いように感じられます。

よそから来た人に簡単には土地を貸せないという、慣わしに近い考えがあるのかもしれません。

これまで私が農業にかかわってきたなかで、**「よそ者・若者・ばか者」**という言葉を何回か耳にしました。「よそ」から入ってくる「若者」は「ばか者」が多いという意味でしたが、そういわれるくらいによそから来る人に対して警戒し、よそから来る人から土地を守るという意識が強いのかもしれません。


また、運よく土地を借りることができて農業を始めても、最初の1年はまったく相手にされず、口をきいてもらえなかったりすることもなかにはあるようです。

その一方、一生懸命に農業をやっている姿を周りの農家さんがみて、本気で農業に取り組んでいると判断すると、**使っていない農機具をくれたり、使っていない農地を紹介してくれる**なんてこともよくあるようです。


以前、新規独立して農業を始めた女性ファーマーの方に話を聞いたところ、地域の人に1年間話もしてもらえなかったそうです。でも、その方は頑張って農作業を行いました。特に隣の畑との境の草取りは、力を入れて行ったそうです。

その1年後には、「畑が空いているから使わないか?」「古い機械あるけどいるか?」

「これ食べるか?」など、地域の人たちが自分のことをいろいろと気にかけ、世話をしてくれるようになったとのことでした。

このように**実際に農業を始めたときのことを考えても、地域との信頼関係を作っておくのはものすごく大切なことなのです。**

後ほど紹介しますが、長野県の里親制度(242ページ)みたいに、地域への溶け込み支援が重要になっていることもうなずけます。

そして、信頼関係にかかわるところでもうひとつ気をつけてほしいことがあります。農地の取得は土地の貸し借り、売買の話です。**決しておいしい話ばかりではないことも頭に入れ、情報を吟味して慎重に判断してください。**

農地を探すときに覚悟しておきたいこと

加えて農地を借りる際に注意しておきたいのは、**「自分の希望通りの農地を借りるのはなかなかむずかしい」**ということです。

そこはマンションを借りるときと同じです。都内で駅から徒歩5分、近くにコンビ

ニがあって、2LDKでオートロック、トイレとお風呂は別で家賃が5万円――なんて部屋にはそうそう出くわしません。あったとしてもワケあり物件だった、なんてこともありますよね。

それと同じで、自分の希望の広さで、住んでいる家から近くて、農道が整備されて、水もきちんと来ている、なんて畑はみつけるのがむずかしいかもしれません。

新規就農者のよくある悩みの種として、**借りられる農地を増やした結果、大きさがさまざまな農地が点在していて、農作業にとても効率が悪い**ということをよく聞きます。とはいえ、どんな条件であっても、農地を広げないことには、収穫量も増えず、売上も上がりません。そんなジレンマと向き合いながら、新規就農者の皆さんは頑張っています。

しかし、地域のなかで農業と真剣に向き合えば、次第に農地は集まり、収穫量も増えたという声も実際に聞きます。

まずは手に入れた農地で実績を積み上げることが大切です。

地域の人との「信頼関係」はその土地に根づくのに大事です。最初は希望通りの農地ではなくても、地道に実績を積みましょう。

独立して農業を始めるのに実際お金はいくら必要ですか？

露地野菜なら1年目は400万円程度が目安

「自己資金でいくら必要か」は、読者の皆さんがいちばん気になるところですよね。

下の表をみるとわかるように、実際に行う農業によってかかる金額は大きく変わってきます。「営農面」は農業にかかった費用で、「生活面」は生活にかかった費用のことです。どういった生活をするか、どういった条件で農業を始めるかにもよ

就農1年目の費用と自己資金の平均値（単位：万円）

作物	営農面		生活面
	費用合計	自己資金	自己資金
露地野菜	431	238	151
施設野菜	1,136	321	186
水稲・麦等	489	302	127
花き・花木	781	275	127
果樹	419	247	202
酪農	3,903	581	216
その他畜産	1,314	270	115

＊

令和３年度「新規就農者の就農実態に関する調査結果」（一般社団法人全国農業会議所）から作成

るので一概にはいえませんが、参考程度にしてください。

露地栽培（露地野菜）は、表（＊）にある通り自己資金の合計は４００万円程度と、ほかの農業と比べると比較的少ない自己資金で始めることができます。

施設栽培（施設野菜）（ビニールハウスなどを使って野菜を栽培する）は、ビニールハウスの建設費がかかるのでその分費用が割高になります。表からわかるように、同じ「野菜」の栽培でも、行う農業によって何百万円単位の差が出ます。

露地栽培・施設栽培に共通してかかるのは、種・苗・肥料はもちろんのこと、耕運機のような農業機械、クワやカマなどの農具、支柱などの農業用具です。

あと、酪農・畜産は野菜の栽培に比べ費用は大きくかかります。まずは、牛や豚、鶏など生きものにかかる費用、加えて酪農であれば、牛舎やサイロ、搾乳機（牛の乳をしぼる機械）などの施設にかかる費用が大半を占めます。

このように、**「自分のやりたい農業によってかかる費用が変わる」**ということを押さえておいてください。

どのような農業をするか、どのような生活をするかで変わりますが、露地栽培の場合、1年目の自己資金は約４００万円程度が目安です。

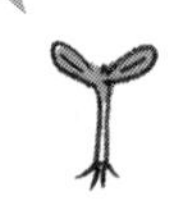

なににお金がかかるのか、もう少しくわしく教えてほしいです。

露地栽培ではどんなものに費用がかかる？

実際にかかる費用について、露地栽培にしぼってもう少しくわしくみてみましょう。

・**土地を借りる場合の賃借料**

地域によって変わりますが、**10a（1000㎡）で5000〜1万円程度**かかります。こちらは年間で借りる費用です。

・**軽トラック**

運搬や出荷に欠かせません。泥がついたり、汚れたりすることもあるので中古車で十分だと思います。安いものだと、諸費用込みで**30万円前後から**あります。

・歩行用トラクター耕運機

乗って運転する乗用タイプのものではなく、歩行しながら耕すものであれば**新車で16万円前後**、中古であればかなり安いものが出ています。ネットオークションで探すと、**3万円**という価格のものもみかけます。

また、地方の国道を走っていると、「中古農機具販売」と書かれたのぼりをみつけたりします。そこでも掘り出し物があるかもしれませんね。

・刈払い機

草を刈る機械で、耕運機と同じように必要です。ホームセンターだと**1万円前後**で販売されています。

・種、苗

なにを作るか、どれだけ作るかでも変わりますが、こちらは当然のことながら必要です。種は1年中販売されていますが、苗は夏野菜のシーズンを迎える4月、5月頃には、ホームセンターの店頭でよくみかけます。

家庭菜園では手間を省くため割高な苗を購入しますが、農家さんは種苗(しゅびょう)店やＪＡで種を購入し、購入した種をまき、苗を作って畑に植える方がほとんどです。手間はかかりますが、収穫量や経費を考えると、**育苗**（いくびょう）（種から苗を育てること）し、苗が成長したら畑に定植する方法がよいです。

・**支柱**

実は野菜栽培に必要な**支柱**などの農業用具代もばかになりません。よくホームセンターなどで目にする緑色の棒（イボ竹）、それが農業用支柱です。

ちなみに太さ20㎜×長さ1800㎜のものだと、税込みで**1本255円**（コメリ通販・2024年1月現在の価格）です。**100本購入すると2万5500円。**これだけで年間の土地の賃借料の倍以上かかります（次年以降も使い回しはできるので初期投資としての費用です）。

また、支柱をつなぐジョイントに、アーチ形の支柱・長さ太さの異なる支柱など、栽培作物によってさまざまな種類が必要になります。

・**コンテナ**

作物を入れて運搬する**コンテナ**は、皆さんもよく目にするものだと思いますが、こ

れも必要な農業用具です。**新品で1個2000円前後**、ネットオークションの**中古品だと10個で5000円**です。

ここで紹介したほかにも、栽培が進むにつれて必要な農業用具の数はどんどん増えます。こういった経費も積もれば多額の費用にふくれます。

・ランニングコスト

軽トラの燃料代・刈払い機の軽油代などが考えられます。

・雑費

直売所に作物を出荷する場合は、作物を入れるビニール袋や口を止めるテープ、袋に貼るシールなど販売用の経費もかかります。

最後にこれは忘れずに頭に入れておいてください。

とにかく、農業をすることにかかる費用ばかり目がいきがちですが、**そのほかに「1年間分の生活費」を必ず用意してください。**

なぜかというと、ガチで農業に取り組んだとしても、農作物が収穫できるまで収入はありません。そのため、**収穫ができるまでの1年間は「無収入」ということになります。**その間の生活費は必要です。

また、農業を始めた1年目に自然災害や冷夏などに見舞われないとも限りません。そこまで考慮すると、**可能であれば2年分の生活費を用意すると安心です。**

227ページの表（＊）を参考に考えると、2年分の生活費だけで300万円ぐらいになるかと思います。

50代の方なら貯えもあり、定年を迎えられた方なら退職金もある人もいると思います。若くして「資金ゼロ」からの新規就農者とは違うのでさほど心配はいりません。ただ、小さい子供がいる方はその教育費なども考える必要があります。生活費を念頭においたうえで営農計画を立てることが大切です。

自己資金30万円で農業を始めた人も

ひとつの例をお話ししますと、私の知っている農家さんで高校生の頃に農業を始めたアグリスマイル合同会社の目黒秀斗さんという若い経営者の方がいます。

この方はおこづかいをコツコツ貯め、とにかく初期投資を抑えて、**1年目は自己資金30万円で農業を始めたそうです。**

目黒さんの実績では、農業機械は新品と中古では5倍ほど差が出たとのことです。

例えば、15馬力のトラクターなら、新品だと150万円ですが中古だと30万円。

4WDの軽トラなら、新品だと100~150万円のところ、15年落ちの中古品は30万円だそうです。

ちなみに機械のことにもくわしい方なので、古くても多少の整備はできてしまうようです。

私の場合、機械は動かなくなるとたたくタイプですが、**皆さんのなかでも整備に精通している方は、農業をやるうえでその技術がかなり役に立ちます。**

ちなみに目黒さんの1年目の売上は60万円。

高校生だった目黒さんは、生活費の負担がなく、資金も最小限にとどめていたのでそれでも回りました。

ただ、農家さんとして自立するにはもっと収穫量を上げる必要があるとご自身で感じられたそうです。

そのため、経営が軌道に乗ったタイミングで農地を増やそうと、もともと農業をしていた神奈川のほか、2019年には群馬でも新規就農をされました。夫婦おふたりで生活をされていましたが、生活費をかなり抑えたそうです。

そのときかかった月々の生活費の例が、下の表です。単純計算すれば**1年間の生活費はふたりで約150万円**ですが、かなり倹約されているのであくまでも参考程度でみてください。

栽培が進むと必要なものも増えます。1年間分の生活費は必ず用意しましょう。

目黒さんの月々の生活費の例（単位：円）

科目	費用
家賃	30,000
光熱費	20,000
食費	30,000
通信費	10,000
交通費（車代）	20,000
その他	20,000
合計	130,000

※夫婦ふたり暮らしの場合

国の支援策はありませんか？

国の資金面での支援対象は現状「49歳以下」

支援策はたしかにあるのですが、**今ある国の資金面での支援対象は就農時期（農業を始めるとき）が「49歳以下」の方が対象になります。**

これだけみると、50歳すぎの方には、ちょっと残念なお話ですね。

簡単に概略だけを説明します。2023年度の支援事業の名前は、「新規就農者育成総合対策」のうち就農準備資金・経営開始資金（「農業次世代人材投資資金」）です。対象者は、将来にわたって農業を続けることが求められ、交付を受けるためには年齢のほか、世帯所得などが要件としてあります。

ほかにも、就農準備資金の場合、153ページから解説している都道府県の認定した農業大学校などで、1年間1200時間以上の農業研修を受ける必要などもあります（くわしくは農林水産省ホームページを参照）。

注意点としては、資金を受け取ったあと農業を継続できない場合は、交付を受けた資金の返還を求められます。

あたらしく農業を始める方には力強い味方となる支援制度ですが、49歳までの支援策です。50歳以上の皆さんはこの支援策に頼らない始め方を模索しましょう。

若い新規就農希望者に比べ、シニア世代の方は貯えもある人が多くいます。

この制度に頼らずとも、新規・独立自営就農や法人就農を実現されている方は、実際にたくさんいます。

次のページでは、50歳以上でも利用できる制度の調べ方を紹介します。

また、**国の制度内容は毎年4～5月頃に更新されます。**

その時期に農林水産省のホームページ内のキーワード検索で「新規就農　支援」などと検索して確認するのもよいでしょう。

国の支援策はあります。
ただし、年齢制限がありますのでご注意ください。

市町村の支援策はありませんか？

「50歳以上」が支援対象のところもある

市町村で資金面の支援策を設けているところもあります。国の支援策は残念でしたが、そのなかには「50歳以上」が対象になるものもあります。

ただ、市町村の支援策はさまざまで、支援策がない地域もあります。すべてを調べるには数が多すぎます。**自身でしぼり込んだ地域の周辺で探す**のが効率的かと思うので、ここではその調べ方を紹介します。

まずは172ページでも紹介した、**「農業をはじめる.JP」**という全国新規就農相談センターが運営するサイトにアクセスしてください。

トップページに「支援情報」というタブがあるので、みつけたらそちらをクリックし、そこから**「自治体の支援情報」**を開いてください。

すると**「就農支援情報検索」**というページで、地域別の検索が可能です。「就農支援情報検索」では、気になる都道府県のほか、**「支援分野」**にチェックを入れて検索できます。

例えば、地域を「岩手県」、支援分野を「研修費用助成」「営農費用助成」と入れると、「都道府県情報」に「新規就農スタートアップ支援事業」と出てきます。

現在、こちらの募集期間はすぎていますが、こちらは申請時の年齢が65歳未満とシニア世代も対象の支援策です。

また、ほかにも「都道府県情報」の下にある「市町村情報」に「岩手県下閉伊郡岩泉町の新規就農者支援事業補助金」という支援事業があります。こちらの対象は60歳未満になっています。

対象年齢で調べることはできないのですが、**支援分野を「助成」とつくものにして、気になる地域を検索して調べてみてください。**

ただし、こちらのホームページ上の情報は、頻繁に更新されているわけではありませんので「募集期間」の項目は必ずチェックしてください。

公的な行政機関は年度の始まりが4月なので、4~5月頃にその年度の事業が更新されます。その時期にチェックするとよいでしょう。

また、**募集期間はすぎていても、次年度も同じ事業を行う可能性があります。**興味のある事業や対象となる支援策があればひかえておいて、内容や次年度更新の可能性、いつから開始するかなどを電話で確認するとよいでしょう。

前述しましたが、都道府県の新規就農相談窓口の担当者は、その県内の市町村の支援策を把握していると思います。

農業を始めたいと思っている地域があれば、直接県に出向くか、電話などで問い合わせるのも手かもしれません。場合によっては市町村の担当者までつないでくれる可能性もあります。そうすれば、効率的に支援策の詳細まで知ることができますね。

まとめになりますが、

- **まずは「農業をはじめる.JP」で情報をしぼり込む**
- **直接その地域に問い合わせる**

この手順を踏むのが比較的スムーズかと思います。

ここまで資金面での支援策を中心に紹介しましたが、知識・技術の習得や、地域の溶け込みなどから新規就農者を支援してくれる自治体もあります。次のページでは、その具体例として、長野県の事例を紹介します。

市町村の支援策はあります。なかには50歳以上が対象になるところも。「農業をはじめる.JP」で検索してみてください。

CASE

年齢制限なし！長野県の支援策「新規就農の里親制度」

長野県で新規就農を希望する方のために、県内の農業者が実践的な知識・技術の習得を指導する研修制度として2003年にスタートした支援策です。県内の農業者385人（2023年4月時点）が、**「里親農業者（里親）」**として登録され、新規就農希望者を受け入れます。

長野で農業を始めたいという新規就農希望者は、地域で支援する「里親農業者」のもとで、栽培技術の習得だけでなく、地域との関係構築、農地・住宅の確保、農業開始後の相談についてマンツーマンで支援してくれます。

里親研修期間は2年間で、毎年4月に開始されます。初年度は里親農家さんのもとで実地研修をしながら、県の農業大学校研修部で年10回程度の集合研修に参加します。そこで農業機械の取り扱いや、マーケティング・農業経営などを学ぶことができます。

現在、研修の費用として、初年度のみ16万8000円（年間）がかかります。

農業開始時の年齢が49歳以下の方は、「新規就農者育成総合対策」事業の就農準備資金

（236ページ）の支給対象となります。また、県内に設置されている農業農村支援センターには、専任の**「就農コーディネーター」**がいるため、就農までのプラン策定も支援してくれます。

2003年から2023年まで、766人が研修を開始していますが、そのうち50歳以上は57人と全体の約7％の人数です。**年齢制限は設けておらず、50歳以上の方にも対応した研修制度**になっており、県の相談窓口にも50歳以上の相談者が多く訪れているとのことです。

なお、長野県は園芸作物（花卉・野菜・果樹など）の栽培が盛んで、近年研修生は果樹栽培希望の方が多いそうです。**研修先で「自分のやりたい農業」ができるかの確認も忘れずに行ってください。**

資金が足りないのですが、借り入れはできますか?

実績を積めば借りられる可能性はある

支援策のなかには、無利子で資金を借りられる制度もあります。読者の皆さんも一度は耳にされたことがあるかもしれませんが、**「日本政策金融公庫(農林水産事業本部)」**が行っている**「青年等就農資金」**という制度があります。

これはあらたに農業経営を始める方を応援する無利子の長期融資です。

ただし、融資を受けるには**「認定新規就農者」**にならなければなりません。認定新規就農者とは、次のように定められています。

新たに農業経営を営もうとする青年等であって、市町村長から自らの農業経営の目標などを記した「青年等就農計画」の認定を受けた方で、対象は、

①「18歳～45歳未満の青年」
②「特定の（農業経営を効率的・安定的に行える）知識・技能を有する中高年齢者」
③「①②の者が役員として過半数を占める法人」

とあります。

45歳以上に関しては**「特定の知識・技能を有する者」**とありますが、これは市町村長が認めたものです。

例えば今までの例として、**農業研修を1年受けている**とか、**経営の経験が豊富**とかが挙げられます。

認可については、市町村によってさまざまかと思いますので、確認してみてください。

市町村長に認められれば、**65歳未満であれば無利子で融資を受けることができます。**

ただ、経営改善資金計画を作成し、市町村を事務局とする特別融資制度推進会議の認定が必要になります。

先々、経営が軌道に乗り、事業を拡大する際には、この制度を使えるときが来るかもしれません(ちなみに制度を利用した場合は、青年等就農計画認定期間中に残高ベースで最大3700万円を無利子で借りられます)。

ただ、これから農業を始めるということで実績がないことを考えると、**まずは手持ちの資金を貯めることと、今ある資金で行える農業から始めることをおすすめします。**

スタート段階では、お金を借りずに農業の技術・知識を磨き、「自分のやりたい農業」を確立することが先決です。

そのなかで必要なときには手持ちの資金を使ったり、もしくは先々のことを考えて資金を貯めたりするほうが、シニア世代が始める農業としてはよいかと思います。

農業を始めるタイミングで資金を借りるのはむずかしいかもしれません。まずはお金を借りずにできることから始めましょう。

＼全文はこちら／

成功のカギは情報収集

（48歳・東京都）

清水雅大さん・東京都

近所での新規就農はむずかしいと知り、東京・青梅の「繋昌農園」で働くように。農作業によって自分の身体と心が豊かになるのを感じつつ、実践的な技術と知識を習得。土日はアグリイノベーション大学校でさらに勉強。**50代の受講生も多く刺激を受けました。**

前職のベンチャー企業でつちかった行動力を活かし、さまざまな農家さんや行政機関の窓口に足を運んで情報を収集しました。今は「とのわファーム」という農園を青梅で運営しながら、青梅の近くで空き家兼作業場がないかを行政機関に相談しています。

年齢を重ねると、自分の考えと想像だけで答えを出してしまうことがあります。**まずは自分が「農業1年生」であると自覚し、現場のリアルな話を聞きに行く**のがよいのではないでしょうか。

INTERVIEW

＼全文はこちら／

シニアの農業に必要なもの

（66歳・男性）

小林篤さん・東京都

60歳で本格的な農業へ移る前に考えたのが、**「生活していけるかな？」**。移住先予定地に宿泊し、自治体に直接話を聞くなど情報収集。インターネットでも調べましたが、行政機関のホームページはわかりにくい印象です。結果的に支援策は条件が合わなかったものの、就農後の補助もあるので窓口で確認するとよいでしょう。

現在は、どの作物の出来がよいか、どの販売方法がよいか、どんな時間の使い方がよいか、毎日試行錯誤しながらの農業です。**地元の人には自分から積極的に話しかけて関係性を深めています。**

農業を始める年齢はあまり関係なく、50歳・60歳でも可能だと思います。ただ、農地や収入、住居など、クリアすべきことがいろいろとあるので、それを乗り越える**気がまえ**と**やる気**が必要です。

3部

おさらいしよう

新規・独立自営就農と法人雇用就農、結局どちらがよいですか？

最終的に目指すのは「生き方としての農業」か「ガチ農業」か

- 週末農業で実際に農作業に触れる
- 情報収集して「自分のやりたい農業」をみつける
- 知識や技術の習得方法を選択する
- 実際に農地の取得についての相談に行き、資金についてもイメージする

このような手順で進めてきました。では、実際にどのような形で農業を始めるかを

固めましょう。98ページでも説明した地盤のある親元就農は、比較的障壁が低く、周囲に理解者や支援者も多いと思います。ここでは、読者の皆さんにかかわりのある**「新規・独立自営就農」**と**「法人雇用就農」**の2つにしぼって話を進めます。

2つを比較するとより障壁が高いのは、農地も技術も資金も自分で準備する**新規・独立自営就農**です。おそらく本書を手に取られた皆さんは、規模の大小はあるものの、**新規・独立自営就農**を最終的には目指していると思います。そのなかでも、

- **自分の生き方のなかに農業を取り入れるやり方（生き方としての農業）**
- **農家さんと同じ土俵で農業や農業経営を展開するやり方（ガチ農業）**

と、どちらかの方向に大きく分かれるのではないでしょうか。

「生き方としての農業」は、「自然と触れ合う」「社会貢献」「自分のペースで働きたい」など、農業を通して自己実現することを目指す農業です。どこでやるか、なにを栽培するかを決めるうえでも**「最終的に実現したいこと」**を常に念頭におきましょう。

資金や時間に余裕があるなら農業学校などで知識や技術を磨きながら、なにを実現したいのか考えていくのもひとつの方法です。

「ガチ農業」を目指す人は、あらためて資金や販路・売上などの経営的側面を再考する必要があります。また、知識や技術の習得も、より**実践的なもの**を選ばなければならないので、農業法人に就職したり、約2年の研修プログラムを受けて習得します。
その間には、資金も貯めなければなりません。また、就農地を探し、住居の手配や農地の候補を探して取得方法を検討しなければなりません。同時に準備しなければならないことが多数あるので、自治体の運営する「明日の農業担い手育成塾」（198ページ）のようなしくみを利用して、技術の習得から農地の取得まで、ひとつの地域で一貫して実現する方法も選択肢として考えてもよいでしょう。

左ページに新規就農のフローをまとめました。今までの復習も兼ねて、自分がどのような農業をしたいのかの参考にしてください。

新規・独立自営就農と法人雇用就農、どちらも選択肢としてありえます。自分の目的に合わせて選ぶことが重要です。

農業の始め方

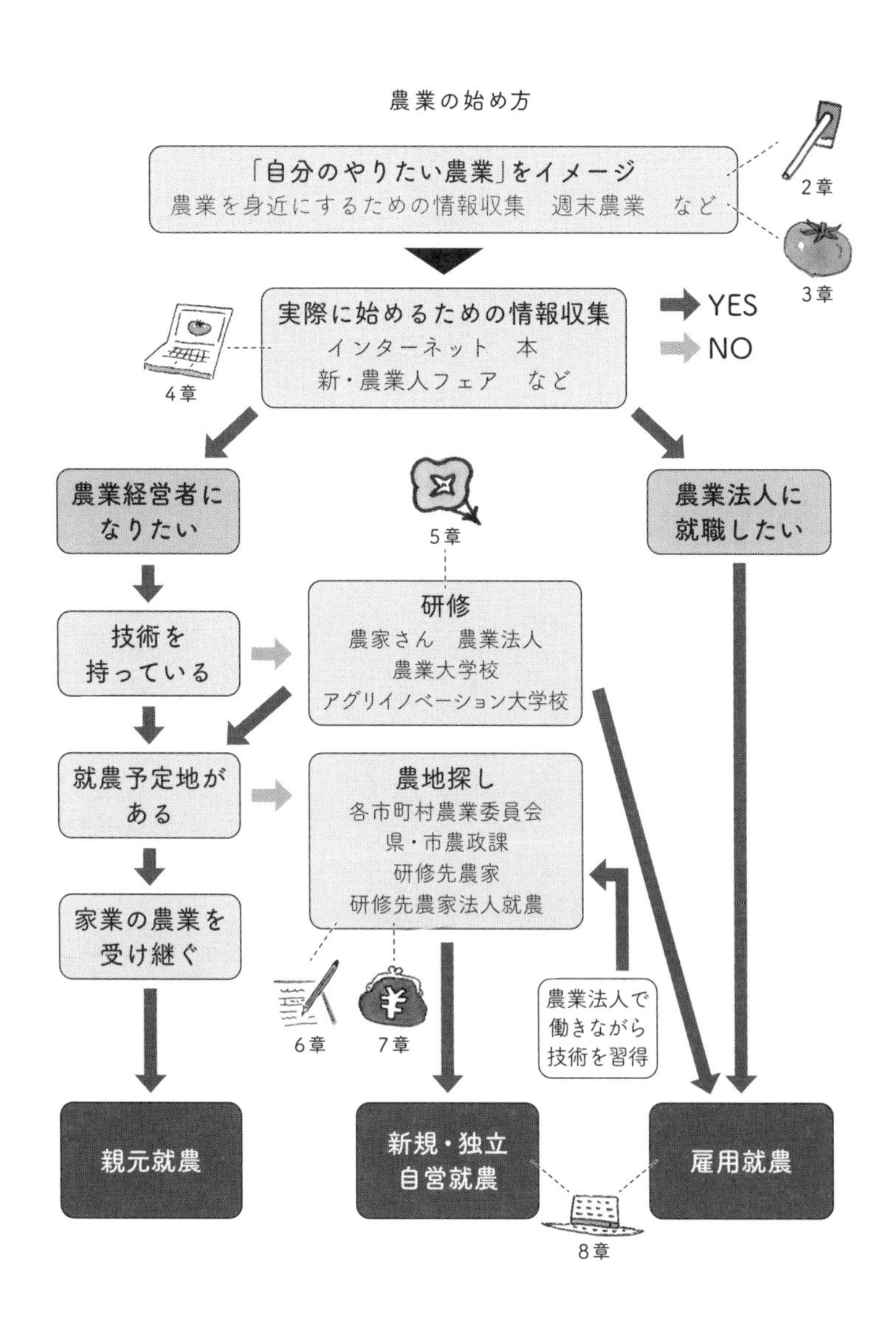

「自分のやりたい農業」をイメージ
農業を身近にするための情報収集　週末農業　など
2章
3章
実際に始めるための情報収集
インターネット　本
新・農業人フェア　など
4章
YES
NO
農業経営者になりたい
5章
農業法人に就職したい
技術を持っている
研修
農家さん　農業法人
農業大学校
アグリイノベーション大学校
就農予定地がある
農地探し
各市町村農業委員会
県・市農政課
研修先農家
研修先農家法人就農
家業の農業を受け継ぐ
6章
7章
農業法人で働きながら技術を習得
親元就農
新規・独立自営就農
雇用就農
8章

農業法人への就職はいわゆる転職と同じですか？

農業でも前職の「知識」「経験」「スキル」は活かせる

今までの知識や経験、スキルを活かせるという意味で、**いわゆる一般的な転職と同じと考えてください。**ひとつ違うのは、皆さんの「農業法人に転職すること」に対して持っているイメージです。

例えば、銀行に勤めていた方が、不動産会社に転職するとします。銀行でつちかった経験・人脈・金融に関する知識を、強みとして活かせると考えるでしょう。

また、飲食店で接客を担当していた方が、アパレルの販売職に転職するとします。そのときは、接客業でつちかった対人スキルが強みとして活かせるでしょう。

しかし、これが農業だった場合、皆さんどうですか？

自分は今までクワもカマも触ったことすらない。

野菜を栽培したこともない。

農業法人に転職するには、なにひとつ強みがない・今までの仕事でつちかった知識や経験はなにも役に立たないと思ってませんか？

一般的な転職と違う点があるとすると、その部分だと私は考えます。

はっきり申し上げますが、農業法人に転職したとき、前職の知識・経験・スキルは必ず役に立ちます。

例えば、IT系の仕事をしていた方なら、ITのスキルを使って栽培管理や栽培記録などをデータとして残したり、流通業に勤めていた方なら、野菜の販売に流通業の知識が活かせます。人事を経験した方であれば、転職した先の会社でも人事の経験は活かせますし、経営者の方にも重宝がられます。

そのため、自分の持っている経験・知識・スキルは、ぜひ強みとしてアピールしてください。そう考えると、いわゆる一般的な転職となんら変わりはありません。

また、2019年農林水産省「農の雇用事業に関するアンケート調査結果概要」によると、農業法人が正社員を採用する際に評価するポイントは、**「志望動機（入社意思や農業への関心の高さ）」「責任感」「協調性」「向上心」「順応性」**といった要素です。

逆にほとんど評価基準にないのは、皆さんが持ってないからマイナス評価になると心配している**「栽培に関する知識」**です。ここからいえるのは、「農業に関する知識は入ってから身につけられる」ということ。なので皆さん、心配しなくて大丈夫です。

重要なのは、**自分がどういう農業をやりたいかを、きちんと言語化しておくことです。**何度もいいますが、大事なことなので何度もいいます。

また、転職と聞くと採用されるかドキドキしてしまいますよね。それは「自分が選ばれる立場」にいると思ってしまうからだと思います。

採用は選ばれるだけでなく、こちらも選ぶという視点を持ってください。

農業法人への転職で押さえておくこと

では、実際どういう観点で企業を選ぶのか、面接でなにを聞いたらよいかのポイントと留意点を左ページにまとめました。

なかなか面接時にこれらを聞くのはむずかしいと思う人は、「新・農業人フェア」のように面接でない場面で話を聞き、後日面接に行くということも可能です。

企業を選ぶときのポイントと留意点

ポイント	留意点
経営者・採用担当者の話をしっかり聞こう	・経営者の考えている農業に共感できるか
	・目指している農業は自分の求めるものに近いか
	・経営理念、先々のビジョンの確認
どんな作物を作っている？事業の範囲はどれぐらい？	・自分が作ってみたいと思う、興味のある野菜か
	・事業が幅広く、栽培以外で今までの経験が活かせる場があるか
待遇の確認を忘れずに（給与・勤務時間・休日、休暇・保険など）	・現職との比較をきちんと行う
	・いっしょに働く仲間、会社の雰囲気、福利厚生など
	・居住地（転居が必要か）、住む場所の確認
どんな技術や知識が習得できる？自分の目指す方向は？	・1年目、2年目、3年目のキャリアプランはどうなりそうか
	・今必要な技術、これから必要な技術はなにか
	・独立支援などの仕組み、支援策があるか

ここでも押さえておきたいポイントは、**「自分がやりたい農業かどうか」**です。

自分のやりたい農業でなければ当然長続きしません。経営者のビジョンや経営理念に共感できるかも非常に大切です。

あとは、一般的なポイントですが、いっしょに働く仲間や給与・休日などの待遇面の確認も忘れずに。

加えて確認すべきなのが、今まで皆さんがいた会社には完備されていたであろう、**「社会保険」**がない会社も農業界にはあります。最近はだいぶ整備されてきましたが、まだまだ整備が追いついてない受入先や農業法人もあります。社会保険がないと国民健康保険に自分で加入しなければなりません。

最後に、農業は栽培する作物や気候の関係で、**繁忙期**と**閑散期**の差があります。暑い夏は朝早くから稼働して、真昼の暑い時間は休憩する、という働き方が一般的です。そのため、**忙しい時期の勤務体系と、忙しくない時期の勤務体系、また夏場と冬場の勤務時間の確認をしてください。**

新潟県で稲作をしている農業法人に、雪が降って作業ができない12～3月を、自分の好きなことをしてよい**「自己研鑽（けんさん）期間」**にしているところがあります。また、社員としての立場を残したままにして、雪が消える頃にまた戻ってきて仕事をする会社もあります。有意義に時間が使えるので、プロのスノーボーダーとして活躍したり、スキー場でインストラクターをしたり、海外旅行をしたりと、自己研鑽期間を大いに活用している話もあるようです。勤務体系によっては、農業をしない期間の過ごし方を考えても楽しいかもしれませんね。

自分の能力を活かす点では転職と同じといえます。待遇面を確認することも忘れずに。

求人情報はどこで手に入れられますか？

求人情報の効率的な探し方

週末農業アルバイトと同様、農業には多数の求人があります。求人情報サイトでも正社員採用の募集はあるので、124ページからを参考に探してください。

求人情報を一件一件検索して確認し、連絡するのも骨が折れますが、「自分のやりたい農業を実現する会社」でもあるので、適当に検索というわけにもいきません。

そこで情報収集の場としておすすめは、前述した**「新・農業人フェア」のような全国規模のイベントや、各都道府県の自治体が行う就農イベントです**。出展している農業法人は、「積極的に人材を採用したい」というところなので、有益な情報を提供してくれるでしょう。また、経営者や採用担当の方と直接話せるので、会社の雰囲気や経営方針や理念などを直に聞けます。前述のように面接ではないので、情報収集目的のみでもかまいません。その法人が気に入れば後日応募すればよいのです。

ハローワークにも農業の求人情報はあります。正社員採用のものが多いので、法人雇用就農を考えている方には向いていると思います。

1章でもお伝えしましたが、農業は世襲で人材を確保してきた業界です。うまく採用を行っている会社と、採用手法にまだまだ改善が必要な会社とさまざまです。

農家さんや農業法人が求人を出すとなると、掲載料がかからないハローワークを利用するケースが多くあります。ちなみに2019年の農林水産所農の雇用事業に関するアンケート（農業法人1336経営体に調査）によると、ハローワークに求人を出す農業法人は全体の55％です。採用にお金をかけることは、経営側が「人材に対して費用をかけること」につながります。よって、**採用プロセスがきちんとしている会社は、入社してきた人をきちんと育てようという考えがベースにある**と思います。

もちろん、ハローワークで採用する農業法人も人を採用したいという思いは強いはずです。大事なのは**自分に合っていると思う企業に出会えたら、まずはアクションを起こしてみる**ということです。

「新・農業人フェア」や各地域の就農イベント、ハローワークなどで求人情報を探すことができます。

農業法人に応募するとき、注意することはありますか？

求人情報は常にチェックしよう

農業法人や農家さんが求人募集をする時期は、雇用先によってさまざまです。忙しくなりそうだからとあわてて募集をかける、または欠員が出てしまったので急いで募集をかけるところもあります。

逆に、来年の収穫量や業績拡大に向け人員計画を立てているところもあります。そのため、**採用にいちばん有利な時期というものはありません。**

もし、自分に合った企業がみつかっても募集していない場合は、まず電話などでコンタクトを取りましょう。「募集の予定があるか？　ある場合はいつ頃か？」と聞いてみてください。

基本的には繁忙期に採用対応はできませんので、大規模な農業法人以外だと夏や秋などの収穫時期に募集を出すことはあまり考えにくいです。

栽培の流れをひと通り習得できる時期としては、2～3月頃がのぞましいかもしれません。いずれにしても新卒採用のような定期採用ではないので、農業界の求人は不定期と考え、常に採用情報をチェックすることをおすすめします。

急な欠員に対する求人も多いことを考えると、採用までのプロセスが短期であったり、採用後すぐに来てほしいといわれることも考えられます。

勤めながら転職先を探す方は、勤務先との退職交渉がスムーズにいくよう、段取りをしておくことが大事です。

また、働きたい農業法人が必ずしも家から通える場所とは限りません。引っ越しや住居探しなども視野に入れながらの転職活動になると思います。農業のことだけ考えていると、生活面で思わぬ落とし穴があるかもしれません。

応募に有利な時期はありません。
気になるところがあれば問い合わせてみてください。

「50歳からの農業」これからどうなる？

50代が農業を始めて生まれる「3つの好循環」

人生100年時代といわれるようになりずいぶんたちました。その間に、仕事や働き方を取り巻く環境も大きく変わりました。

私も含めてですが、そのなかで**「働くってなんだろう？」**と考えた方も多いかと思います。仕事選びはこれでよかったのかと振り返る間もなくがむしゃらに頑張ってきて、いきなり人生第2のステージといわれてもなにをしていいのかわからない。そういった方も多いのではないかと思います。

しかし、時間は無限にあるわけではありません。健康面や介護などを考えたら、自分のために使える時間はさほど多くない気がします。

「自分のために残りの時間を使うなら、今までできなかった農業をしてみたい」

そう考えるのは、まったく不思議なことではないと思います。

50代で農業を始める人が増えた世界を想像したとき、私は**3つのレベルでよい循環が生まれる**と考えました。

まず**個人レベル**で考えれば、ひとりひとりが自然のなかでストレスを感じることなく、自分らしい働き方をすることで、心と健康を満たしながら生きていける。家族や地域とのつながりも深まる。空いた時間でスポーツジムに通うのもよいことではありますが、自分らしい生き方のなかで仕事をして、健康に長生きができることは素敵なことですよね。

そしてよい影響は個人にとどまらず、**農業界レベル**にもおよぶと考えます。以前、農業委員会で長年仕事をされている方が次のような話をされていました。

これから利用される農地は、

①世のなかの消費者のために活用する農地（消費者のために流通する野菜）
②自分や家族の胃袋を満たすための農地（自給自足）
③農業に興味のある方の心を満たす農地（市民農園・レンタル農園）

と、この3つになっていくのではないか、ということでした。手つかずの耕作放棄地や人手不足が問題になっていますが、農地を管理する側にも、今まで以上に自由な農地利用が必要だという意見もあるのです。

農業を始めようとする皆さんは、②から始めて①に行きますか？　それとも③から始めて①に行きますか？　それとも③から②でしょうか？

始め方はひとりひとりが自由に選べます。今まで農業をしてこなかった皆さんが農地を有効に活用することで、農業界にもよい効果が生まれるでしょう。

最後に**社会レベル**。50歳以上のファーマーが増えれば、野菜を栽培することのむずかしさを知る人が増えます。そうなることで野菜の価値が見直され、野菜の消費が増え、フードロス、この先にあるとされる食糧危機など、**社会問題の解決**にもつながるでしょう。また、健康で長生きする人が増えることは、社会にとってもいいことです。

むずかしいことがわからなくても、いい年でも大丈夫です。皆さんが農業を始めることは、個人、そして業界、社会にとっても大いに意義のあることだと考えます。

50代で農業を始める人が増えたら個人・農業界・社会によい影響があると思います。

50代の転職で考えた農業

（54歳・男性）
Yさん・東京都

新卒から30年近くいた企業で、この先も働くことが無意味に思え、**「やりたいことをみつけよう」**と退職を決意。転職活動のなかで頭に浮かんだひとつが農業でした。ちょうどアグリイノベーション大学校が開講されることを知り、そのまま入学。1年間勉強して**「農業を飯に食う手段にしてみようかな」**と初めて考えました。

農業は肉体的にも、作業的にもしんどい。しかし、365日が楽しく、積み上げたものが結果になる実感があります。ストレッチを毎日するなど、身体のメンテナンスに気を配った結果、**会社員のときより体調がよくなりました**。現在、研修先で働きながら栽培技術を高めています。将来的には、自給自足を最低限目指しつつ、農業を「社会とつながるツール」として活用したいですね。

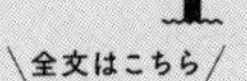

目指すは福祉×農業

（46歳・男性）
上山大輔さん・埼玉県

私は介護サービスの会社を経営しながら農業を始めました。現場で病気の高齢者が多いのを目のあたりにし、**「ならば自分で安心安全な野菜を作ってみたい」**と思ったのがきっかけです。入学したアグリイノベーション大学校では農業の知識や技術のほか、農業経営や農業マーケティングも参考になりました。3条許可では「農業技術」もみられる点が心配でしたが、技術よりやる気優先の自治体だったため無事に認可。技術は未熟なので、営農指導や情報提供のサービスを受けられる機関に行こうと思っています。

今後は、**農作業によって自立支援・機能回復を支えることをテーマとしたデイサービス**を考えています。「楽しむ場」として農業を提供して、高齢者の方にイキイキと毎日を過ごしてほしいです。

ご縁でみつけた35aの農地

（56歳・女性）

長田江美子さん・兵庫県

皆さんが苦労する農地探し。実は、私は全然苦労していません。別の研修仲間が借りる予定だった15aの畑がキャンセルになり、その畑が私に回ってくることに。そのあと地主さんから**「追加で20a借りますか？」**と話があり、合計35aの畑を手に入れることになりました。農業委員会に行って営農計画を提出し、面接も受けてと、手続き自体もスムーズに終了。本当に運がよかったです。本やインターネットに加えて、農業研修や研修仲間・新規就農者からの情報など、**人とのつながりから情報をたくさん集めた**ことも大きかったのかなと思います。

今後は、有機野菜の販売や勉強会を通じて、子供や若い人などに有機農業のよさを広く伝えていきたいですね。

INTERVIEW

55歳で「農業学校1年生」に

（59歳・男性）

Aさん・関東

地元で農業をやってみようと、55歳でメーカーを早期退職。「新・農業人フェア」で出会った学園長のすすめで日本農業実践学園に入学しました。幅広い実践知識だけでなく、**「食物を育てる喜び」**も学べました。農業は大変だし、すごく儲かる仕事ではありませんが、その喜びがベースにあるのでやりがいを感じています。子供も独立してローンも終わっているので、特に生活するうえで不自由はないです。妻も仕事をしているので。あと、**上司も部下もいないので、余計な気をつかわなくてすみますしね（笑）**。

今は直売所でも日持ちするカボチャやゴボウなどを栽培。今後は、60代の仲間を巻き込んだ地域の活性化や30代の若手農家さんを支援するしくみをつくることも考えています。

付録ページ

本書の付録として、
以下の情報を小社ホームページよりご覧いただくことができます。
農業への「はじめの一歩」に活用してみてください。

付録①

50歳前後で農業を始めた先輩インタビュー

新規就農した先輩たちのインタビュー全文を掲載。
農業を始めるにいたるまでの準備は？ 始めてから大変だったことは？
本書で学んだあとに読めば、参考にできる点が多くあると思います。

リンク先 ▶ 90、248、266、267ページの各QRコードよりお進みください。

付録②

押さえておきたい！ 農業の用語集

農業を知るうえで避けては通れないのが専門用語。
初心者なら押さえておきたい用語を集めてわかりやすく解説しました。
こちらをぜひ、情報収集に役立ててください。

付録③

各都道府県の相談先一覧

各都道府県の新規就農相談先の一覧です。
どこで・どんな農業をやりたいか、どんな作物を作りたいかなど、
ある程度決まったうえで相談するとスムーズに進むと思います。
6章を参考に活用してください。

リンク先 ▶ URL：www.tankosha.co.jp/noarchive/nogyo240402/

おわりに

以前ある農家さんが、農業についてこんな話をしてくれました。

「畑の野菜は、みな同じだけ陽の光を浴び、同じだけの水を貯え、みな太陽に向かって上に伸びていくんです。だから、野菜に優劣はなく、みな自分の持てるチカラでただひたすら太陽に向かって成長していくんです。そんな野菜に対し、私たちにできることはなにもなく、野菜が元気に成長していくのを見守るだけなんです。」

でも、成長していくものを見守り、応援する仕事ってすばらしいと思いませんか？ましてやそれが人のためになるのです。

農業はだれでも始めることはできますが、だれもがうまくいく職業ではありません。ただ、能力やいろいろな知識を持った人がちゃんと情報を収集し、きちんと手順さえ踏めば、必ず自分のやりたい農業にたどり着けると信じています。

今まで「農業を仕事にしたい」と思ってもどうしていいかわからないという理由であきらめていた方が、本書を参考に「はじめの一歩」を踏み出すことができれば、こんなに嬉しいことはありません。

人生100年時代。自分がどう生きていきたいか、セカンドステージでどんなことに取り組みたいかを考えるにあたり、皆さんのなかに、「自分にも農業ができる」という可能性の芽が出ることを信じています。

深謝　～本書を出版するにあたり心から感謝を伝えたい～

農業のことがまったくわからないところからいっしょに手探りで開拓してきた株式会社リクルートジョブズ（現株式会社リクルート）新領域開発グループおよび行政担当チームの皆さん。

農業の人材確保事業の取り組みにご理解いただき支援してくれた株式会社リクルートジョブズの歴代の取締役の皆さん。

休日に出勤し「新・農業人フェア」をお手伝いいただき支えてくれた株式会社リクルートジョブズの皆さん。

なにも知らない私に「農業のいろは」をいろいろと教えていただいた日本全国の農業関係者の皆さん。

本書の執筆にあたりインタビューに応じていただいた先輩農業者さん、そしていろいろと情報提供にご協力いただいた皆さん。

「新・農業人フェア」を運営するにあたりさまざまな角度からご指導いただいた農林水産省　故・榊浩行さん。

最後に、いつも私の身体を気遣い、私のことを応援し、支えてくれる最愛の妻と心優しい子供たち、そして見守ってくれているふたりの姉に心より感謝します。

皆様のおかげでここに無事、本書「校了」です。ありがとうございました。

追記　今回本の出版に際し、多大なるご尽力をいただいた株式会社淡交社の田中花子さん、いろいろとご指導いただきありがとうございました。

深瀬貴範（ふかせ・たかのり）
農業キャリアコンサルタント。1985年、リクルートグループに入社。人事マネージャーとして自社の新卒採用や中途採用を担当する。営業においては大手企業を担当するグループのマネージャーとして採用の提案を行うほか、東日本営業部長としてメンバーマネジメントなども行う。2011年より農林水産省・経済産業省・地方自治体向けに営業を行い、各地域において地方創生や農業人材確保に取り組む。2013～2019年まで農林水産省補助事業「新・農業人フェア」の責任者として、延べ8万人に対し情報を提供。2020年に株式会社リクルートを定年退職後、現在はフリーランスとして同イベントのセミナーや地方行政の農業活性化事業にかかわる。
保有資格：国家資格キャリアコンサルタント、米国CCE,Inc認定GCDF-Japan、3級ファイナンシャル・プランニング技能士、農業技術検定3級。
www.facebook.com/takanori.fukase　takanori.fukase@gmail.com

難しいことはわかりませんが、50歳でも農業を始められますか？

2024年4月17日　初版発行

著　者　　深瀬貴範
発行者　　伊住公一朗
発行所　　株式会社 淡交社
本社　〒603-8588 京都市北区堀川通鞍馬口上ル
営業　075-432-5156　編集　075-432-5161
支社　〒162-0061 東京都新宿区市谷柳町39-1
営業　03-5269-7941　編集　03-5269-1691
www.tankosha.co.jp
印刷・製本　中央精版印刷株式会社

ISBN978-4-473-04592-8